Jochen Imig

Virale und zelluläre miRNA Profile in EBV-assoziierten B-Zelllymphomen

Jochen Imig

Virale und zelluläre miRNA Profile in EBV-assoziierten B-Zelllymphomen

Südwestdeutscher Verlag für Hochschulschriften

Impressum/Imprint (nur für Deutschland/only for Germany)
Bibliografische Information der Deutschen Nationalbibliothek: Die Deutsche Nationalbibliothek verzeichnet diese Publikation in der Deutschen Nationalbibliografie; detaillierte bibliografische Daten sind im Internet über http://dnb.d-nb.de abrufbar.
Alle in diesem Buch genannten Marken und Produktnamen unterliegen warenzeichen-, marken- oder patentrechtlichem Schutz bzw. sind Warenzeichen oder eingetragene Warenzeichen der jeweiligen Inhaber. Die Wiedergabe von Marken, Produktnamen, Gebrauchsnamen, Handelsnamen, Warenbezeichnungen u.s.w. in diesem Werk berechtigt auch ohne besondere Kennzeichnung nicht zu der Annahme, dass solche Namen im Sinne der Warenzeichen- und Markenschutzgesetzgebung als frei zu betrachten wären und daher von jedermann benutzt werden dürften.

Verlag: Südwestdeutscher Verlag für Hochschulschriften GmbH & Co. KG
Heinrich-Böcking-Str. 6-8, 66121 Saarbrücken, Deutschland
Telefon +49 681 37 20 271-1, Telefax +49 681 37 20 271-0
Email: info@svh-verlag.de

Zugl.: Homburg/Saar, Uni Saarland, Diss., 2010

Herstellung in Deutschland:
Schaltungsdienst Lange o.H.G., Berlin
Books on Demand GmbH, Norderstedt
Reha GmbH, Saarbrücken
Amazon Distribution GmbH, Leipzig
ISBN: 978-3-8381-1739-3

Imprint (only for USA, GB)
Bibliographic information published by the Deutsche Nationalbibliothek: The Deutsche Nationalbibliothek lists this publication in the Deutsche Nationalbibliografie; detailed bibliographic data are available in the Internet at http://dnb.d-nb.de.
Any brand names and product names mentioned in this book are subject to trademark, brand or patent protection and are trademarks or registered trademarks of their respective holders. The use of brand names, product names, common names, trade names, product descriptions etc. even without a particular marking in this works is in no way to be construed to mean that such names may be regarded as unrestricted in respect of trademark and brand protection legislation and could thus be used by anyone.

Publisher: Südwestdeutscher Verlag für Hochschulschriften GmbH & Co. KG
Heinrich-Böcking-Str. 6-8, 66121 Saarbrücken, Germany
Phone +49 681 37 20 271-1, Fax +49 681 37 20 271-0
Email: info@svh-verlag.de

Printed in the U.S.A.
Printed in the U.K. by (see last page)
ISBN: 978-3-8381-1739-3

Copyright © 2011 by the author and Südwestdeutscher Verlag für Hochschulschriften GmbH & Co. KG and licensors
All rights reserved. Saarbrücken 2011

Meinen Eltern

Literaturverzeichnis

Literaturverzeichnis	I
Verzeichnis der Abbildungen	IV
Verzeichnis der Tabellen	VI
Verzeichnis der Abkürzungen	VII
Zusammenfassung	IX
Summary	X
1 Einleitung	**1**
1.1 Das Epstein-Barr-Virus	1
1.1.1 Geschichte und die Epidemiologie	1
1.1.2 Morphologie und Genomaufbau	1
1.1.3 Lytischer und latenter Infektionszyklus	2
1.1.4 EBV-Genprodukte der Latenz und B-Zellimmortalisierung	5
1.1.5 EBV-assoziierte Tumorerkrankungen	7
1.2 microRNAs (miRNAs)	11
1.2.1 Biogenese, Funktion, Mechanismus	11
1.2.2 miRNAs und Tumorentstehung	14
1.2.3 EBV-kodierte miRNAs	16
1.3 Ziele und Fragestellung der Arbeit	17
2 Material	**19**
2.1 Medien	21
2.1.1 Nährmedien für Bakterien	21
2.1.2 Zellkulturmedien	21
2.2 Molekulargewichtsmarker	22
2.2.1 DNA-Molekulargewichtsmarker	22
2.2.2 Protein-Molekulargewichtsmarker	22
2.3 Antikörper	22
2.4 Zelllinien	23
2.4.1 B-Zelllinien	23
2.4.2 Adhärente Zelllinien	23
2.5 Bakterienstämme	24
2.6 Kits	24
2.7 Puffer und Lösungen	24
2.8 SDS-Polyacrylamidgele	27
2.9 Vektoren	27
2.10 Oligonukleotide	31
2.11 NCBI Genbank Accession Numbers	33
2.12 Computersoftware und bioinformatische Algorithmen	33
2.13 Firmen und kooperierende Einrichtungen	34
3 Methoden	**35**
3.1 Bakterien-Techniken	35

Inhaltsverzeichnis

- 3.1.1 Kultivierung von *E. coli*-Stämmen 35
- 3.1.2 Kompetente Bakterien 35
- 3.1.3 Transformation 36

3.2 Zellkultur- und Zellbiologietechniken 36
- 3.2.1 Kultivierung von Säugerzellen 36

3.3 DNA-Techniken 39
- 3.3.1 Agarosegelelektrophorese 39
- 3.3.2 Die Polymerase-Ketten-Reaktion (PCR) 40
- 3.3.3 Quantifizierung von miRNAs durch semi-quantitative real-time PCR 41
- 3.3.4 Spaltung von DNA durch Restriktionsendonukleasen 42
- 3.3.5 Ligation von DNA-Fragmenten (Rapid ligation Kit, Roche Applied Biosystems) .42
- 3.3.6 Klonierung mit dem Topo TA Cloning® Kit (Invitrogen) 43
- 3.3.7 Konzentrationsbestimmung von Nukleinsäuren 43
- 3.3.8 Mutagenisierung von Vektor-DNA 43

3.4 RNA-Techniken 44
- 3.4.1 Herstellung RNase-freien Wassers (DEPC-Wasser) 44
- 3.4.2 Isolierung von Gesamt-RNA aus Tumorgeweben (TRIZOL™-Methode) 44
- 3.4.3 Northern-Blot 45

3.5 Protein-Techniken 48
- 3.5.1 Herstellung von Proteinextrakten aus eukaryotischen Zellen 48
- 3.5.2 SDS-Polyacrylamidgelelektrophorese (SDS-PAGE) 48
- 3.5.3 Herstellung eines SDS-Polyacrylamidgels 49
- 3.5.4 Elektrophorese 49
- 3.5.5 Immunblot (Western-Blot) 49
- 3.5.6 Immunologischer Nachweis von Proteinen 50
- 3.5.7 Nachweisreaktion mit ECL+ (Enhanced chemiluminescense) 51

3.6 Durchflusszytometrie (FACS-Analyse) 51

3.7 Bioinformatische Analysen 52
- 3.7.1 "miRNA-target"-Vorhersage 52
- 3.7.2 Annotierung und Generierung der sRNA-cDNA Banksequenzen . 52

4 Ergebnisse 54

4.1 Qualitätskontrolle der isolierten RNA und der cDNA-Banken 55

4.2 Sequenzannotierung der generierten cDNA-Bibliotheken 56
- 4.2.1 Allgemeine Sequenzannotierung und Klassifikation nicht-kodierender RNAs 56
- 4.2.2 Häufigkeitsverteilung und Abundanz exprimierter miRNA-Gene .. 57
- 4.2.3 Keine Identifikation potentiell neuer miRNA-Kandidaten durch miRDeep 58
- 4.2.4 Identifikation einer mutierten miRNA (miR-142-3p-mut IsomiR) .. 59
- 4.2.5 Bestimmung zellulärer miRNA-Muster in humanen B-Zell-Lymphomen 60
- 4.2.6 Relative miRNA-Expressionsänderung in indolenten Lymphomen 61
- 4.2.7 Relative miRNA-Expressionsänderung in EBV-negativen DLBCLs 62
- 4.2.8 Relative miRNA-Expressionsänderung in EBV-positiven DLBCLs 63
- 4.2.9 Relative miRNA-Expressionsänderung in EBV-positiven zu EBV-negativen DLCBLs 63
- 4.2.10 Identifikation EBV-abhängiger miRNA-Kandidaten in DLBCLs .. 64

4.3 Bestimmung viraler miRNA-Muster in humanen B-Zell-Lymphomen 66

4.4 Validierung des miRNA-Expressionsniveaus 67
- 4.4.1 Etablierung der qRT-PCR-Bedingungen in Burkitt-Lymphom-Zelllinien 67
- 4.4.2 miRNA-Expressionsvalidierung in humanen primären DLBCLs mit qRT-PCR 68
- 4.4.3 miRNA-Expressionsvalidierung in DLCBLs mit Northern-Blot 69

4.5	*In silico* Identifikation potentieller mRNA-Zielstrukturen von miR-155 und -424	70
4.6	**Target-Validierung: Luciferase-Reportergen-Assays**	71
4.6.1	Expressionskontrolle des pSG5-miR-424 Konstrukts	71
4.6.2	Herstellung der Reportergen-Konstrukte	72
4.6.3	Luciferase-Assays zur miRNA Target-Validierung	73
4.7	**Funktionelle Charakterisierung von miR-155 und -424 in B-Zell-Lymphomzellen**	79
4.7.1	Optimierung der Transfektion von „anti-sense"-Oligonukleotiden in DLBCL-Zellen	79
4.7.2	Verifikation der verminderten Expression von miR-155 und -424	80
4.7.3	Rekonstitution der Proteinmenge durch miRNA-Inhibition	81
4.7.4	Einfluss von miR-424 auf den Wnt-Pathway	82
5	***Diskussion***	**84**
5.1	**Beurteilung der cDNA-Banken aus kleinen nicht-kodierenden RNAs**	84
5.2	**microRNA-Profile in B-Zell-Lymphomen**	89
5.3	**SIAH1 und c-MYB als Zielstrukturen von miR-155 und -424**	96
5.4	**Ausblick**	102
6	***Literaturverzeichnis***	**104**
7	***Anhang***	**121**
7.1	**Tabellen**	121
7.2	**Vorträge und Poster**	133
7.3	**Publikationen**	133
7.4	**Danksagung**	Fehler! Textmarke nicht definiert.
7.5	**Lebenslauf**	Fehler! Textmarke nicht definiert.

Verzeichnis der Abbildungen

Abbildung 1.1: Elektronenmikroskopische Aufnahme eines Herpesvirus kurz nach dem Verlassen der Wirtszelle. ... 2

Abbildung 1.2: Schematische Darstellung des Genoms des Epstein-Barr-Virus mit den wichtigsten Genprodukten der Latenz. ... 2

Abbildung 1.3: Epstein-Barr-Virus-Infektion in immunkompetenten Virusträgern. ... 3

Abbildung 1.4: Biogenese und Funktionsausübung von miRNAs. ... 12

Abbildung 1.5: Mögliche Mechanismen der posttranskriptionalen Gen-Repression. ... 13

Abbildung 2.1: Schematische Darstellung des eukaryotischen Expressionsvektors pSG5. ... 27

Abbildung 2.2: Schematische Darstellung des Luciferase-Reportevektors pMIR. ... 28

Abbildung 2.3: Schematische Übersicht des pCR®2.1-TOPO®-Vektors. Im oberen Teil der Abbildung ist die Sequenz des Polylinkers dargestellt ... 29

Abbildung 3.1: Schematische Darstellung der mittels 454-Sequenzierungsmethode erhaltenen Sequenzen. ... 53

Abbildung 4.1: Qualitätskontrolle der gewonnenen RNA aus Primärgeweben und der cDNA-Synthese. ... 55

Abbildung 4.2: Klassifikation und Abundanz diverser nicht-kodierender RNAs bzw. Transkripte in den hergestellten cDNA-Banken verschiedener Gewebe. ... 56

Abbildung 4.3: Verteilung exprimierter miRNA-Gene nach ihrer Sequenzhäufigkeit in den untersuchten cDNA-Banken. ... 57

Abbildung 4.4: Identifikation einer mutierten miRNA (miR-142-3p-mut IsomiR) in der DLBCL (EBV+) cDNA-Bank ... 60

Abbildung 4.5: Relative miRNA-Expressionsänderung in indolenten B-Zell-Lymphomen bezogen auf Tonsillen-Kontrollgewebe. ... 61

Abbildung 4.6: Relative miRNA-Expressionsänderung in EBV-negativen DLBCLs bezogen auf Tonsillen-Kontrollgewebe. ... 62

Abbildung 4.7: Relative miRNA-Expressionsänderung in EBV-positiven DLCBLs bezogen auf Tonsillen-Kontrollgewebe. ... 63

Abbildung 4.8: Relative miRNA-Expressionsänderung von EBV-positiven zu EBV-negativen DLCBL. 64

Abbildung 4.9: Relative Überexpression von zellulären miRNAs in Relation zu DLBCLs (EBV-). ... 65

Abbildung 4.10: Relative Unterexpression von zellulären miRNAs in Relation zu DLBCLs (EBV-). ... 65

Abbildung 4.11: Repräsentation der EBV-miRNAs in DLBCLs. ... 67

Abbildung 4.12: Etablierung der quantitativen real-time PCR für 5.8s rRNA, miR-155 und miR-424 in BL41- sowie BL41/B95.8-Zelllinien ... 68

Abbildung 4.13: Relative miRNA-Expression von miR-155 und miR-424 in EBV-positiven und -negativen DLBCLs: real-time PCR. ... 69

Abbildungsverzeichnis

Abbildung 4.14: Northern-Blot Expressions-Analyse von miR-155 und -424 in der diffus-großzelligen B-Zell-Lymphomlinie U2932 und davon abgeleiteten EBV-infizierten Klonen. 70

Abbildung 4.15: Übersicht über das angewendete Selektionsverfahren zur Identifikation von miRNA-Zielgenen. 71

Abbildung 4.16: Northern-Blot zum Nachweis der ektopischen Expression von miR-424 72

Abbildung 4.17: Schematische Übersicht über die klonierten Reportergen-Konstrukte mit ihren vorhergesagten miRNA-Bindungsstellen 73

Abbildung 4.18: Einfluss von miR-155 auf die 3'-UTR von c-MYB und Deletionsmutanten der Bindungsstellen. 74

Abbildung 4.19: Einfluss von miR-424 auf die 3'-UTR von c-MYB und Deletionsmutanten der Bindungsstellen. 75

Abbildung 4.20: Einfluss von miR-424 auf die 3'-UTR von SIAH1 und Deletionsmutante der Bindungsstelle. 76

Abbildung 4.21: Kein Einfluss von miR-424 auf die 3'-UTR von LATS2 und miR-155 auf SKI-3'-UTR.77

Abbildung 4.22: Einfluss der verwendeten miR-Expressionsvektoren auf den pMiR-Leervektor. 78

Abbildung 4.23: Durchflusszytometrische Bestimmung der Transfektionseffizienz der FAM-markierten Oligonukleotide in U2932-EBV-Zellen. 80

Abbildung 4.24: Reduktion der endogenen miRNA-Expression durch „anti-sense"-Inhibitoren in EBV-positiven U2932-Zellen. 81

Abbildung 4.25: Analyse von SIAH1 und c-MYB Proteinexpression nach Inhibition endogener miRNAs. 82

Abbildung 4.26: Induktion von β-Catenin durch Überexpression von miR-424 in DLBCL-Zellen. 83

Abbildung 5.1: Modell der Interaktion von c-MYB und miRNAs in B-Zellen. 99

Abbildung 5.2: Modell zur potentiellen Regulation des Wnt-Signalweges von miR-424 über die E3-Ubiquitin-Ligase SIAH1 in B-Zellen. 101

Verzeichnis der Tabellen

Tabelle 1.1: Übersicht über die EBV-Latenzprogramme 4

Tabelle 2.1: Übersicht und Charakteristika der in dieser Studie verwendeten Gewebeproben............ 21

Tabelle 3.1: Übersicht der verwendeten PCR-Programme zur quantitativen real-time PCR 42

Tabelle 3.2: Ansatz eines 12%-igen Polyacrylamidgels zur RNA-Gelelektrophorese 45

Verzeichnis der Abkürzungen

Abb.	Abbildung
AK	Antikörper
ALL	akute lymphatische Leukämie
AML	akukte myeloische Leukämie
Amp	Ampicillin
ABC	"activated B-cell subtype"
APS	Ammoniumpersulfat
B-CL	"B-cell lymphoma"
BL	Burkitt- Lymphom
Bp	Basenpaare
BSA	Bovines Serumalbumin
CML	chronische myeloische Leukämie
CLL	chronische lymphatische Leukämie
DLBCL	diffus-großzelliges B-Zelllymphom (diffuse-large B-cell lymphoma)
DMSO	Dimethylsulfoxid
DNA	Desoxyribonukleinsäure
dNTP	Desoxyribonucleosidtriphosphat
DTT	Dithiothreitol
E. coli	*Escherichia coli*
EBNA	Epstein-Barr-Virus nuclear antigen
EBV	Epstein-Barr-Virus
EDTA	Ethylendiamintetraacetat
FBS	fötales Kälberserum
GC	„germinal center subtype"
FL	follikuläres Lymphom
$H_2O(bi)dest$	(bi)destilliertes Wasser
HD	Hodgkin's disease
HIV	humanes Immundefizienz Virus
Ig	Immunglobulin
IKKβ	Inhibitor of nuclear factor kappa B kinase beta subunit
Kbp	Kilobasenpaare
LB	Luria's Broth
MCS	Multiple Cloning Site
miRNA	microRNA
NaAc	Natriumacetat
ncRNA	"non-coding RNA"
NF-*k*B	Nuclear Factor-KappaB
NPC	Nasopharyngealkarzinom
NHL	Non-Hodgkin-Lymphom
nt	Nukleotide
OD	optische Dichte
ORF	offener Leserahmen (open reading frame)
Ori	Ursprung der Plasmidreplikation (origin of replication)
PAGE	Polyacrylamid-Gelelektrophorese
PBS	phosphate buffered saline
PEL	primary effusion lymphoma
PCR	Polymerase Kettenreaktion (polymerase chain reaction)
PTLD	Postransplantat-Lymphom (post-transplant lymphoproliferative disease)
RBPJκ	recombination signal binding protein Jκ
RNA	Ribonukleinsäure
RNAse	Ribonuklease
Rpm	Umdrehungen pro Minute (rounds per minute)

Abkürzungen

RT	Raumtemperatur
SDS	Natriumdodecysulfat
snRNA	small nuclear RNA
snoRNA	small nucleolar RNA
sRNA	"small RNA"
Tab.	Tabelle
TAE	Tris-Acetat-Ethylendiamintetraacetat
TE	Tris-Ethylendiamintetraacetat
TEMED	N,N,N',N'-Tetramethylethylendiamin
Tris	Tris-(hydroxymethyl-)aminomethan
U	Unit (Einheit der Enzymaktivität)
UV	Ultraviolett
v/v	Volumen pro Volumen (volume per volume)
w/v	Gewicht pro Volumen (weight per volume)

Zusammenfassung

Das Epstein-Barr-Virus (EBV) gehört zu den onkogenen Viren und ist ursächlich an der malignen Transformation von Lymphozyten und damit der Entstehung von Non-Hodgkin-Lymphomen (NHL) beteiligt. In verschiedenen Latenzstadien werden bis zu 25 verschiedene EBV-kodierte microRNAs (miRNAs) weitgehend unbekannter Funktion exprimiert. MiRNAs repräsentieren eine Klasse nicht-kodierender RNAs, die als negative Genregulatoren agieren. MiRNAs können sowohl als Onkogene oder auch als Tumorsuppressoren fungieren. Da EBV ein an seinen menschlichen Wirt sehr gut adaptiertes Virus ist, kann man mutmaßen, dass es auch in der Lage ist, die Expression zellulärer miRNAs für Replikations- oder Transformationsprozesse zu manipulieren. Daher wurde in der vorliegenden Arbeit die Einwirkung von EBV auf das globale miRNA-Profil in B-NHL-Lymphomen untersucht. Ein „next generation deep-sequencing"-Ansatz wurde benutzt, um differentiell exprimierte miRNAs in cDNA-Banken von DLBCLs (EBV-/+) und indolenten Lymphomen zu erfassen. Zur Validierung einer möglichen differentiellen miRNA-Expression wurde eine quantitative RT-PCR-Analyse an einer größeren Patientenkohorte durchgeführt und anschließend *in silico* Vorhersagen zur Eingrenzung potentieller mRNA-Zielstrukturen eingesetzt. Luciferase-Reporterassays, Inhibitionsversuche und Überexpressionsstudien relevanter miRNAs führten zur Bestätigung der Repression von Ziel-mRNAs.

Die vorliegende Studie ergab acht mehr als zweifach überexprimierte (miR-424, -199a-3p, -199a-5p, -27b, -378, -26b, -23a, -23b) und sieben mehr als zweifach unterexprimierte (miR-155, -20b, -221, -151-3p, -222, -29b/c, -106a) miRNAs in EBV-positiven DLBCLs relativ zu EBV-negativen. EBV-miRNAs wurden nur vom BART-Cluster exprimiert und umfassten 1,4% aller miRNAs. Die qRT-PCR bestätigte eine etwa zweifache, vom EBV-Status aber unabhängige Induktion von miR-155. MiR-424 war dagegen ungefähr sechsfach stärker in EBV+ DLBCLs induziert. C-MYB konnte als Zielstruktur sowohl für miR-155 als auch miR-424 bestimmt werden. Zusätzlich zeigte sich eine Regulation von SIAH1 durch miR-424 und dessen Überexpression führte zur Akkumulation von β-Catenin, einem wichtigen Zellzyklusregulator.

Die Daten belegen, dass EBV einen signifikanten Einfluss auf die zelluläre miRNA-Expression *in situ* besitzt. Die Bedeutung einer alterierten miRNA-Expression auf die Entstehung und Progression von Lymphomen muss Gegenstand weiterführender Arbeiten sein.

Summary

Oncogenic viruses like the Ebstein-Barr-Virus (EBV) are considered as one major cause of malignant B-cell transformation leading to the genesis of non-Hodgkin lymphomas (NHL) *in vivo*. EBV has been found to express up to 25 different miRNAs with mostly unknown functions in different EBV latency states *in situ*. MiRNAs represent a class of non-coding small RNAs acting at the posttranscriptional level as negative generegulators. Cellular miRNAs are shown to potentially serve as oncogenes or tumor suppressors. Since EBV is well adapted to its human host, it can also be presumed that this virus is able to manipulate cellular miRNA expression pattern for replication and cellular transformation purposes. Therefore, the particular impact on and functional consequences of EBV on global miRNA profile in NHL B-cell lymphoma development was addressed. A next generation deep sequencing approach was used to deduce of differentially expressed miRNAs in cDNA libraries of DLBCLs (EBV-/+) and indolent lymphoma. Application of quantitative RT-PCR in a larger patient cohort was used for miRNA expression validation. *In silico* target prediction was utilized to narrow putative miRNA target genes. Luciferase reporter experiments, miRNA blocking assays as well as overexpression of relevant miRNAs were carried and lead miRNA guided mRNA target repression validation.

The study revealed 8 miRNAs (miR-424, -199a-3p, -199a-5p, -27b, -378, -26b, -23a, -23b) that were upregulated and 7 miRNAs (miR-155, -20b, -221, -151-3p, -222, -29b/c, -106a) that were downregulated more than two-fold each in the EBV-positive cases compared to EBV-negative. EBV miRNAs were only expressed from BART clusters comprising 1.4% of all other miRNAs. Quantitative RT-PCR confirmed upregulation of miR-155 of about two-fold independent of EBV status, whereas miR-424 was found to be induced by EBV of roughly six-fold in DLBCLs. C-MYB could be identified as a true target of miR-155 and -424. SIAH1 turned out to be regulated by miR-424 and overexpression of miR-424 lead to an accumulation of β-catenin, one important cell cycle regulator.

These data show a significant impact of EBV on cellular miRNA expression *in situ*. The overall functional significance as well as the clinical impact of this interrelation remains to be elucidated.

1 Einleitung

1.1 Das Epstein-Barr-Virus

1.1.1 Geschichte und die Epidemiologie

Anthony Epstein, Bert Achong und Yvonne Barr gelang es 1964 die B-Zelllinien aus einem monoklonalen Burkitt-Lymphom (B-Zell-Lymphom) eines afrikanischen Patienten zu isolieren (Epstein, Achong et al. 1964). Sie wiesen in den Zellen herpesvirusähnliche Partikel nach und beschrieben diese (Epstein and Barr 1964). So wurde ein neues Mitglied der γ-Herpesviridae-Familie identifiziert und nach seinen Entdeckern als Epstein-Barr-Virus (EBV) bezeichnet (s. Abb.1.1).

Der Zeitpunkt der Primärinfektion mit EBV ist regional betrachtet von den sozio-ökonomischen Lebensbedingungen abhängig (Evans 1982). Während die Primärinfektion im Kindesalter mit EBV meistens asymptomatisch verläuft, kommt es bei Jugendlichen und Erwachsenen mit einem ausgereiften Immunsystem zu infektiöser Mononukleöse, auch Pfeiffer'sches Drüsenfieber oder „kissing disease" genannt (Evans 1978; Henle, Henle et al. 1968). Die Durchseuchung beträgt in den Industrienationen bis zum 15. Lebensjahr etwa 40% und mehr als 95% bei Erwachsenen. Die mangelnde Hygiene in den Entwicklungsländern führt zu einer endemischen Infektion, bei der die Durchseuchung schon im Kindesalter bei 100% liegt. Bei allen Infizierten persisitiert das Epstein-Barr-Virus lebenslang in den ruhenden B-Zellen (s. Abb.1.3.) (Babcock, Hochberg et al. 2000; Babcock and Thorley-Lawson 2000). Bei gesunden, immunkompetenten Individuen wird jedoch eine unkontrollierte Proliferation dieser Zellen und Virus-Replikation verhindert. Es kommt aber immer wieder zur Freisetzung des Virus über Speichel oder im Oropharynx.

1.1.2 Morphologie und Genomaufbau

Das Epstein-Barr Virus besitzt, wie alle Herpesviren, ein lineares, doppelsträngiges DNA-Genom, das je nach Stamm 172-186x10^3kb Basenpaare umfasst und für ca. 100 Proteine codiert (Baer, Bankier et al. 1984). Innerhalb des Virions liegt die DNA um einen Proteinkern (core) gewickelt vor. Dieser ist von einem ikosaedrischen Nukleokapsid umgeben, das aus drei Kapsomerproteinen gebildet wird (Wildy 1968). Das Nukleokapsid wird durch ein proteinreiches fibrilläres Tegument (Matrix) von der Hüllmembran (Envelope) getrennt (Roizman, Carmichael et al. 1981), die sich zum

Teil aus glykosylierten Proteinen und Lipiden zusammensetzt (s. Abb. 1.1.). Die auf der Hüllmembran sitzenden viralen Glykoproteine (Spikes), hauptsächlich gp350/220, vermitteln die Interaktion mit dem zellulären Rezeptor CD21.

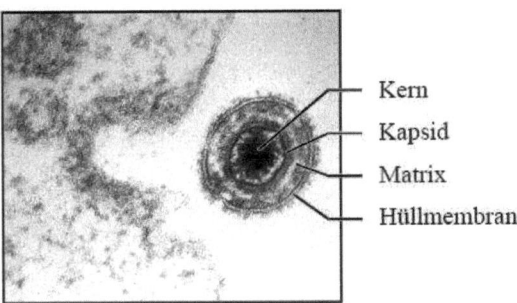

Abbildung 1.1: Elektronenmikroskopische Aufnahme eines Herpesvirus kurz nach dem Verlassen der Wirtszelle.

Das EBV-Genom wird durch interne Repeats (IR1) in singuläre Sequenzen (Unique Regins) geteilt: einen kurzen (US) und einen langen Abschnitt (UL). Das UL-Genomsegment wird durch drei weitere Repeats in eine U2-, U3-, U4- und U5-Region unterteilt. Abbildung 1.2 gibt eine Übersicht über das lineare Genom.

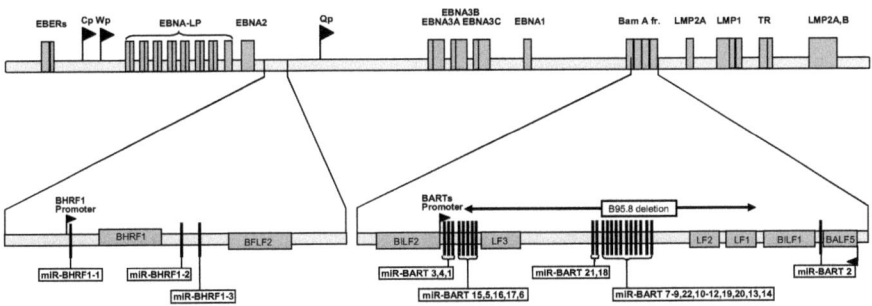

Abbildung 1.2: Schematische Darstellung des Genoms des Epstein-Barr-Virus mit den wichtigsten Genprodukten der Latenz. Gesondert hervorgehoben sind die miRNA-Cluster.

1.1.3 Lytischer und latenter Infektionszyklus

Der Lebenszyklus des Epstein-Barr-Virus weist *in vivo* neben dem lytischen Vermehrungszyklus eine Latenzphase auf (s. Abb. 1.3). Bei der Primärinfektion werden unter anderem die Epithelzellen des Hals-Nasen-Rachenraums (Sixbey, Nedrud et al. 1984; Greenspan, Greenspan et al. 1985; Morgan, Niederman et al. 1979) als auch die (primären) B-Zellen lytisch befallen (Anagnostopoulos, Hummel et al. 1995; Niedobitek, Agathanggelou et al. 1997).

Abbildung 1.3: Epstein-Barr-Virus-Infektion in immunkompetenten Virusträgern (nach Küppers Nature Reviews Immunology, 2003).

Das Virus bindet durch sein Oberflächenprotein gp350/220 an den CD21-Rezeptor (CR2) und/oder andere Oberflächenmoleküle (Janz, Oezel et al. 2000). Nach erfolgter Rezeptorbindung kommt es zur Quervernetzung der CD21-Moleküle (Tanner, Weis et al. 1987), zur Endozytose und Verschmelzen der Virushülle mit der Vesikelmembran (Fingeroth, Weis et al. 1984; Nemerow and Cooper 1984; Carel, Myones et al. 1990). Nach dem Uncoating des Nukleokapsids im Zytoplasma wird das virale, lineare Genom über homologe Rekombination zirkularisiert und liegt fortan, meistens in mehreren Kopien als Episom, im Nukleoplasma vor.

Die lytische Phase unterscheidet sich von der latenten Infektion in den jeweils aktiven Replikationsursprüngen oriLyt und oriP sowie der Expressionsmuster der viralen Proteine. Der lytische Zyklus beginnt mit der Transkription der „immediate early"-Proteine, die wichtige Regulatoren in der Zelle darstellen (Mayer 1993). Anschließend werden die „delayed early"-Proteine synthetisiert, die für die Replikation des viralen Genoms erforderlich sind. Nach der viralen DNA-Synthese werden die späten ("late") Proteine (VCA, Hüllproteine, etc.) synthetisiert und anschließend die Virusartikel zusammengesetzt, die dann nach Autolyse freigesetzt werden.

Nach abgeklungener lytischer Primärinfektion erfolgt eine lebenslange, asymptomatische EBV-Persistenz in ruhenden Gedächtnis-B-Zellen, die als Reservoir des Virus dienen (Kieff 2007). In der EBV-Latenzphase werden mehrere virale Gene exprimiert, von denen neun für Proteine kodieren (Cohen 2000). Hierzu zählen sechs nukleäre Proteine (EBNA1, EBNA2, EBNA3A, -3B, -3C als auch EBNA-LP), drei Membranproteine (LMP1, LMP2A und LMP2B), sowie zwei kurze, nicht translatierte Transkripte (EBER 1 und 2), sowie Transkripte des Leserahmens BARF 0 (Sadler and Raab-Traub 1995; Fries, Sculley et al. 1997; Kienzle, Buck et al. 1999). Darüber hinaus werden virale miRNAs exprimiert (s. Kap. 1.2.3). Die Expression der latenten Genprodukte führt zur Immortalisierung der infizierten Zelle und somit zu unbegrenztem *in vitro* Wachstum (Pope, Achong et al. 1967; Lewin, Aman et al. 1990). Bei den latent-infizierten Zelllinien existieren drei verschiedene Expressionsmuster, nämlich die Latenztypen I, II und III. Eine Zusammenfassung der jeweils spezifisch transkribierten Gene findet sich in Tabelle 1.1. Die verschiedenen Expressionsprogramme sind ebenfalls mit den unterschiedlichen EBV-Erkrankungen assoziiert (s. Abschnitt 1.1.5).

Tabelle 1.1: Übersicht über die EBV-Latenzprogramme (modifiziert nach Küppers, Nature Reviews Immunology, 2003)

Latenzprogramm	exprimierte EBV-Gene						Vorkommen
	EBERs	EBNA1	LMP1	LMP2A	EBNA2	EBNA3s und EBNA-LP	
0	+	N.B.	−	+	−	−	Gedächtnis-B-Zellen
I	+	+	−	−	−	−	Burkitt-Lymphom, PEL, DLBCL
II	+	+	+	+	−	−	Hodgkin-Lymphom
III	+	+	+	+	+	+	PTLD, HIV-assoziierte Lymphome
IV?	N.B.	N.B.	−	N.B.	+	N.B.	Infektiöse Mononukleose, PTLD

1.1.4 EBV-Genprodukte der Latenz und B-Zellimmortalisierung

EBNA1

Das Epstein-Barr-Virus nukleäre Antigen 1 bindet den Replikationsursprung des EBV-Episoms und wird benötigt für die Replikation der Virus-DNA, sowie der Verteilung auf die Tochterzellen. EBNA1 wird nicht von MHC-Klasse I Molekülen präsentiert, so dass infizierte Zellen nicht von zytotoxischen T-Zellen erkannt werden (Yates, Warren et al. 1985). Trotz der fehlenden transformierenden Eigenschaft dieses Proteins *in vitro*, konnte *in vivo* gezeigt werden, dass EBNA1-transgene Mäuse eine erhöhte Mortalität aufgrund der Entwicklung von B-Zell-Lymphomen aufweisen. Diese Tumore erwiesen sich als monoklonal und ähnelten transgen induzierten c-MYC-Lymphomen (Wilson, Bell et al. 1996). Neuerdings zeichnen sich zusätzliche Funktionen dieses Gens ab. So gibt es Hinweise, dass aufgrund der Fähigkeit DNA zu binden, Strangbrüche induziert werden und dies zu genomischer Instabilität führt. Damit kann EBNA1 ebenfalls onkogen wirken (Gruhne, Sompallae et al. 2009). Des Weiteren stellte sich kürzlich heraus, dass EBNA1 ein begrenztes Spektrum an Genen transaktivieren kann, indem es zelluläre Promotoren bindet (Canaan, Haviv et al. 2009).

EBNA2

Dieses Antigen ist das erste Protein, welches nach der Infektion von B-Zellen exprimiert wird und essentiell für die zelluläre Transformation ist. Es stellt einen Transaktivator dar, der viele verschiedene zelluläre (Kieff 1996) als auch virale Gene, z. B. LMP1 und LMP2A, reguliert. Die Funktionen werden durch eine Interaktion mit dem Transkriptionsfaktor RBP-Jκ vermittelt, was zur Folge hat, dass der Notch-Signalweg imitiert wird (Zimber-Strobl and Strobl 2001).

EBNA3A, -B, -C

Die EBNA3-Proteine modulieren EBNA2-abhängige Prozesse und greifen regulatorisch in verschiedene Transkriptionsprozesse ein. Alle EBNA3-Proteine binden ebenso wie EBNA2 an RBP-Jκ, sind also in der Lage, die Assoziation von EBNA2 mit

RBP-Jκ zu modulieren und limitieren und somit die EBNA2-vermittelte Transaktivierung viraler und zellulärer Promotoren (Marshall and Sample 1995; Robertson, Grossman et al. 1995; Robertson, Lin et al. 1996; Waltzer, Perricaudet et al. 1996; Radkov, Bain et al. 1997). Die Proteine EBNA3A und EBNA3C sind essentiell für die B-Zell-Transformation, während EBNA3B für die Immortalisierung nicht nötig ist (Tomkinson, Robertson et al. 1993).

EBNA-LP

EBNA-LP ist eines der frühesten exprimierten viralen Gene nach der Infektion humaner primärer B-Zellen mit EBV (Allday, Crawford et al. 1989; Rooney, Howe et al. 1989). Da EBNA-LP-deletierte Viren *in vitro* ein reduziertes Immortalisierungspotential aufweisen, spielt dieses Antigen wahrscheinlich auch eine Rolle bei der B-Zell-Immortalisierung (Hammerschmidt and Sugden 1989; Mannick, Cohen et al. 1991). EBNA-LP kooperiert mit EBNA2 bezüglich transkriptioneller Regulation und verstärkt dessen Aktivierungspotential (Nitsche, Bell et al. 1997; Peng, Tan et al. 2000).

LMP1

Das latente Membran-Protein 1 (LMP1) stellt ein Onkogen dar (Wang, Liebowitz et al. 1985) und inhibiert die Apoptose, indem es die anti-apoptotischen Proteine BCL2 und A20 induziert (Kieff 1996). Transgene Mäuse, die LMP1 in B-Zellen überexprimieren, entwickeln Lymphome (Kulwichit, Edwards et al. 1998). Die meisten Effekte von LMP1 beruhen auf der Aktivierung des „nuclear factor-κB"-(NF-κB)-Weges (Mosialos, Birkenbach et al. 1995). Dieser Signalweg ist identisch dem von CD40, welcher eine Schlüsselrolle bei der Aktivierung und Differenzierung von B-Zellen spielt (Brown, Hostager et al. 2001). Die Beteiligung von LMP1 an der Aktivierung des Wnt-Pathways von β-Catenin wird hingegen noch kontrovers diskutiert (Jang, Shackelford et al. 2005; Webb, Connolly et al. 2008; Tomita, Dewan et al. 2009). Außerdem werden für LMP1 immunmodulatorische Funktionen antizipiert (Middeldorp and Pegtel 2008).

LMP2A

LMP2A besitzt "Immunoreceptor Tyrosine-based Activation"-Motive (ITAMs) in seiner cytoplasmatischen Domäne (Alber, Kim et al. 1993). Diese Motive kommen ebenfalls in den B-Zellrezeptor (BCR) Ko-Rezeptoren - CD79a und b vor, die die Aktivierungssignale nach Antigenstimulation weiterleiten. LMP2A bindet und verdrängt dabei Tyrosin-Kinasen vom BCR, resultierend in einer Inhibition (Miller, Burkhardt et al. 1995). Dies verhindert ungewollte Antigen-ausgelöste Aktivierung von EBV-positiven B-Zellen, was den Eintritt in die lytische Phase verursachen würde. Trotzdem stimuliert LMP2A diese Tyrosin-Kinasen zu einem gewissen Umfang und imitiert die Anwesenheit des BCR und unterstützt damit ein wichtiges Überlebenssignal für B-Zellen (Merchant, Swart et al. 2001). Darüber hinaus gibt es Hinweise auf eine Beteiligung von LMP2A am Notch- und Wnt-Signaling (Morrison, Klingelhutz et al. 2003; Anderson and Longnecker 2008).

EBER 1 und EBER 2

EBER 1 und EBER 2 kodieren für kurze, nicht-polyadenylierte RNAs und können die Sezernierung von Interleukin-10 (IL-10) induzieren (Kitagawa, Goto et al. 2000). Dies könnte zu einer Stimulation des Wachstums von B-Zellen führen und zytotoxische T-Zellen supprimieren. EBERs könnten die Resistenz von EBV-positiven Burkitt-Lymphomzellen gegen Interferon-α vermitteln (Nanbo, Inoue et al. 2002).

Zusammen genommen führt das umfassende Repertoire an Onkogenen und Genmodulatoren mit einem fein aufeinander abgestimmten Ablauf der einzelnen Latenzprogramme zu einer *in vitro* Immortalisierung von B-Zellen (lymphoblastoide Zellen, LCLs) und trägt zu einer Transformierung *in vivo* bei.

1.1.5 EBV-assoziierte Tumorerkrankungen

Das EBV kann eine maligne Zelltransformation auslösen und ist an der Entstehung mehrerer humaner Tumorerkrankungen, wie dem Burkitt- und Hodgkin-Lymphom sowie dem Nasopharynxkarzinom beteiligt. Die mit EBV-assoziierten Malignomen weisen charakteristische Expressionsprofile der latenten Proteine auf (s. Tabelle 1.1).

Das onkogene Potential von EBV kommt bei lymphoproliferativen Erkrankungen in immunsuprimierten Patienten deutlich stärker zum Vorschein.

Burkitt-Lymphom (BL)

Das Burkitt-Lymphom ist ein schnell wachsender, monoklonaler Tumor von B-Zellen, der besonders in der Kieferregion, als auch im Gehirn oder den Ovarien auftreten kann. Es sind zwei Erscheinungsformen des BL bekannt: Die sporadische Form tritt weltweit in Erscheinung und ist nur zu 10-25% mit EBV verknüpft. Daneben kommt es in Zentralafrika und Neu-Guinea zur endemischem Form, wobei man hier in mehr als 90% der Fälle EBV in den Tumoren nachweisen kann. Das Verbreitungsgebiet weist eine ausgeprägte Koinzidenz mit dem Verbreitungsgebiet des Malariaerregers *Plasmodium falciparum* auf. Gehäuft tritt diese Form bei Kindern auf und weist charakteristische chromosomale Translokationen auf, die das Proto-Onkogen c-MYC unter die Kontrolle von Immunglobulin-Promotoren stellt. Es wird angenommen, dass die wiederholte Infektion mit Malaria zu einer B-Zell-Stimulierung führt. Durch die erhöhte Anzahl EBV-infizierter, proliferierender B-Zellen steigt die Wahrscheinlichkeit von Chromosomentranslokationen (Lyons and Liebowitz 1998).

Nasopharynxkarzinom (NPC)

Das stark metastasierende Nasopharynxkarzinom ist ein aggressiver, epithelialer Tumor des Oropharynx-Bereiches. Undifferenzierte NPCs sind sogar zu 100% EBV-assoziiert (Ho 1991). Eine besonders hohe Inzidenz findet sich in Südostasien, wo das NPC die häufigste Tumorerkrankung darstellt. Dieses Phänomen wird mit bestimmten HLA-Konstellationen der Bevölkerung und Umweltfaktoren erklärt. Eine Schlüsselrolle als Karzinogene spielen wahrscheinlich die in der Nahrung enthaltenen Nitrosamine und Phorbolester-ähnlichen Substanzen, die zu einer EBV-Aktivierung führen können (Poirier, Bouvier et al. 1989).

Morbus Hodgkin

Der Begriff Morbus Hodgkin definiert eine heterogene Gruppe von lymphoproliferativen Erkrankungen, welche histologisch durch die sogenannten Hodgkin- und Reed-

Sternberg-Zellen charakterisiert sind. In diesen maligne transformierten Zellen sind je nach Subtyp des Tumors in 10-95% der Fälle EBV-Genome detektierbar (Chapman and Rickinson 1998). Sie machen jedoch nur einen sehr geringen Anteil des Tumors aus, dessen Masse zu über 90% aus infiltrierenden, nicht transformierten Zellen besteht. In der westlichen Welt ist Morbus Hodgkin die häufigste Lymphom-Erkrankung bei Jugendlichen und jungen Erwachsenen.

Assoziation mit anderen Tumoren/Lymphomen

Die pleiotrope Natur der Zielzellen von EBV umfasst neben B- auch T-Lymphozyten, NK- oder epitheliale Zellen. Dies macht auch in diesen Geweben eine maligne Transformation unter gewissen Umständen wahrscheinlich. Neben den beschriebenen Tumoren, deren Assoziation mit EBV unbestritten ist, wurden in den letzten Jahren auch andere Tumorerkrankungen mit EBV in Verbindung gebracht. So findet man in NK/T-Zelllymphomen des nasalen Typs und NK-Leukämien auch eine 100%-ige Präsenz des Epstein-Barr-Virus. Aufgrund der hohen Frequenz von EBV in diesen Lymphomen ist eine Diagnose in Abwesenheit nahezu ausgeschlossen. Auch hier findet man eine gehäufte Prävalenz in der südostasiatischen Bevölkerung. Die Patienten durchleben meist eine aggressive Verlaufsform mit Nekrotisierung des Nasen-Rachen-Raumes. In diesen Fällen beobachtet man allgemein einen Latenztyp II (Delecluse, Feederle et al. 2007).

Eine Beteiligung von EBV an der Genese von etwa 5-10% der gastrointestinalen Karzinomen wird mittlerweile allgemein anerkannt (Fukayama, Hino et al. 2008). Allerdings wird der Zusammenhang von EBV mit der Genese von Karzinomen der Leber und der Brust nach wie vor kontrovers diskutiert (Thompson and Kurzrock 2004).

EBV-assoziierte Tumoren bei HIV- und Postransplantat-Patienten

HIV-Infizierte und Transplantations-Patienten haben ein erhöhtes Risiko an einem EBV-assoziierten B-Zell-Lymphom zu erkranken. Dabei handelt es sich um eine polyklonale Erkrankung. Man nimmt an, dass bei unter Immunsuppression stehenden Patienten die EBV-spezifischen zytotoxischen T-Zellen nicht mehr in der Lage sind, die EBV-positiven B-Zellpopulationen zu kontrollieren. Bei den Transplantationsempfängern können teilweise schon nach einigen Wochen bis zu Monaten solche Lymphome auswachsen. Im Frühstadium einer HIV-Infektion handelt es sich um Burkitt-Lymphom-ähnliche Tumore, bzw. im Endstadium von AIDS um immunoblastische Lymphome (Pedersen, Gerstoft et al. 1991).

Diffus-großzellige B-Zell-Lymphome (DLBCL)

Die DLBCL gehören, wie die zuvor beschriebenen B-Zell-Lymphome, ebenfalls zu der Gruppe der aggressiv verlaufenden B-Non-Hodgkin-Lymphome (B-NHL). Mit einer Inzidenz von 10/10.000 Neuerkrankungen pro Jahr stellen die NHL im Vergleich zu epithelialen Tumoren eine relativ seltene Tumorerkrankung dar. Dennoch konnte in den vergangenen Jahren ein starker Anstieg unklarer Ursache in den Industrienationen festgestellt werden (Pfreundschuh 2004). Mit etwa 30-40% stellen die DLBCLs den größten Anteil der B-NHL dar, sind jedoch nach klinischen, morphologischen und molekularbiologischen Gesichtspunkten sehr heterogen. Generell unterscheidet man zwei Manifestationsorte: innerhalb von Lymphknoten (nodal) und außerhalb davon (extranodal), wobei die extranodalen eine bessere Prognose aufweisen. Allen diesen Lymphomen gemeinsam sind somatische „gain-of-function" Mutationen (Translokationen) in variablen Regionen von Immunglobulin-Genen mit Transkriptionsfaktoren, wie etwa dem anti-apoptotischen BCL2 (t(14;18)) und c-MYC (t(14;18)). Amplifikationen des Proto-Onkogens c-Rel-Lokus kommen auch sehr häufig vor (Lossos 2005). Gemäß der aktuellen WHO-Klassifikation von 2001 kann man, basierend auf Genexpressionsanalysen, drei pathologische Subtypen unterscheiden (Alizadeh, Eisen et al. 2000; Rosenwald, Wright et al. 2002). Der erste Typ wird als von Keimzentrum (GC)-B-Zellen abgeleitet erachtet und zeichnet sich durch Expression von typischen GC-Markern, wie z. B. CD10 oder BCL6 aus. Diese Lymphome haben eine bessere Prognose als andere DLBCL-Untergruppen. Der zweite „aktivierte" B-Zell-Typ (ABC) ist charakterisiert durch seine Ähnlichkeit mit *in vitro* aktivierten B-Zellen aus peripherem Blut. Es findet eine konstitutive Aktivierung des NF-kB-Signalweges (Lossos 2005) statt. Der ABC-Typ ist ferner gekennzeichnet durch eine schlechtere Prognose im Vergleich zum GC-Typ. Typ 3, der primär-mediastinale Typ, ist eine heterogene Untergruppe, welche weder die charakteristischen ABC- oder GC-Marker exprimiert und ebenso eine entsprechend schlechte Prognose aufweist. ABC- und Typ 3 können daher als „Non-GC"-Gruppe zusammengefasst werden (Anagnostopoulos and Stein 2000).

Die Assoziation von EBV mit diffus-großzelligen B-Zell-Lymphomen ist abhängig vom Immunstatus des Patienten. Man findet eine 30-60%-ige Frequenz von EBV in Immunsupprimierten und eine Häufigkeit zwischen 10% und 35% in immunkompetenten Patienten. Beide Tumore exprimieren in der Regel die Latenzprogramme I oder II (Heslop 2005; Delecluse, Feederle et al. 2007). Allgemein geht man von einem negativen Einfluss von EBV auf den Behandlungseffekt von Lymphomen aus (Oyama et al., 2003). Kürzlich konnte eine Arbeitsgruppe nachweisen, dass EBV-Positivität in DLBCLs signifikant mit älteren Erkrankten (>60 Jahre) und fortgeschrittenem Stadium einhergeht. Weiterhin konnte gezeigt werden, dass dieser Zustand mit schlechteren Überlebensraten korreliert und dies besonders im Zusammenhang mit den „Non-GC"-Typen zum Vorschein kommt (Park, Lee et al. 2007). Die Verteilung der EBV-Infizierten innerhalb der pathologischen Subtypen fällt zu Gunsten des ABC-Typs (BCL6-negativ) aus (Kuze, Nakamura et al. 2000). Die Frage, ob EBV eine Präferenz für diesen Subtyp aufweist, ist nicht letztendlich geklärt. Diskutiert wird auch, ob eine Umwandlung zu einem aktivierten Typ vonstatten geht. Dennoch gibt es Hinweise, dass EBNA2 mit dem Keimzelltyp interferiert, indem BCL6 herunterreguliert wird. Da aber dieses virale Kernantigen nicht in den diagnostizierten DLBCLs nachweisbar ist, bleibt die Bedeutung vorerst unklar (Boccellato, Anastasiadou et al. 2007).

1.2 microRNAs (miRNAs)

1.2.1 Biogenese, Funktion, Mechanismus

MiRNAs sind 19-25nt lange, nicht-kodierende RNAs, die als negative Regulatoren auf posttranskriptionaler Ebene fungieren. Diese Gen-Gruppe wurde zuerst Anfang der 1990-iger Jahre in dem Nematoden *Caenorhabditis elegans* mit dem Mitglied lin-4 identifiziert (Wightman, Burglin et al. 1991), später kam dann die Entdeckung von let-7 hinzu (Reinhart, Slack, et al. 2000). Mittlerweile fand man Tausende miRNAs in allen untersuchten Metazoen und Pflanzen, sowie in einer einzelligen Algenart. Zurzeit sind etwa 800 humane miRNAs in der Datenbank miRBase hinterlegt. Die hohe Konservierung zwischen den Spezies und daher das frühe evolutionäre Auftreten legt einen fundamentalen Mechanismus der Genregulation nahe (Filipowicz, Bhattacharyya et al. 2008). So wird postuliert, dass bis zu 30% aller Protein-kodierenden Gene von miRNAs reguliert werden. Ihre Funktion wird dabei über Sequenz-spezifische Anlagerung komplementärer Sequenzen in der 3'-UTR von mRNAs durch einen Ribonukleinsäure-Protein-Komplex („RNA induced silencing compex", RISC) vermittelt (Bartel 2004; Bartel and Chen 2004). Die detaillierte Beschreibung der Biogenese ist aus Abbildung 1.4 zu entnehmen.

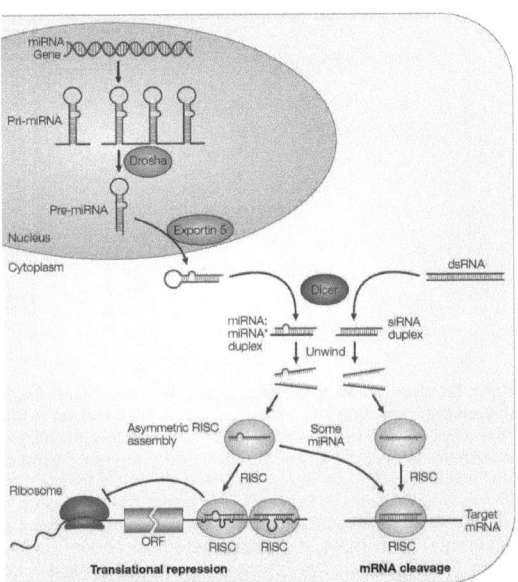

Abbildung 1.4: Biogenese und Funktionsausübung von miRNAs. miRNA-Gene liegen häufig als Polycistrone oder in Introns („mirtrons") von Wirtsgenen vor und werden von RNA-Polymerase II transkribiert. Mirtrons werden dagegen zusammen mit Ihrem Wirtsgen abgeschrieben und anschließend gespleist. Im Zellkern werden die primären Transkripte pri-miRs vom Mikroprozessor Drosha und DGCR8 (Pasha) in prä-miR-Haarnadelstrukturen von ca. 60-70nt Länge weiterverarbeitet. Nach Transport über Exportin 5 ins Zytoplasma übernimmt Dicer das Entwinden der Helices, trimmt den Loop ab, und reicht es weiter an den RISC-Komplex, dessen Hauptfunktionseinheiten AGO-Proteine darstellen. Hier werden je nach Komplementarität die Ziel-mRNAs gespalten oder die Translation inhibiert. Ab dem Dicer-Schritt sind die Pathways für miRNA und exogene siRNA identisch (He and Hannon 2004).

Es gibt mehrere Mechanismen, über die miRNAs ihre regulatorische Funktion ausüben. Besitzen in Ausnahmefällen Zielsequenz und miRNA komplette Komplementarität, so kommt es zu einem AGO2-bedingten Schneiden der mRNA mit anschließender Degradation der Spaltprodukte (Wang, Li et al. 2009). Darüber hinaus sind noch weitere Mechanismen der Gen-Repression durch miRNAs denkbar. Diese kommen bei lediglich partieller Komplementarität zum Tragen. Eine Übersicht tatsächlicher und möglicher Wirkweisen posttranskriptionaler Genrepression ist in Abbildung 1.5 dargelegt (rezensiert in Filipowicz et al., 2008).

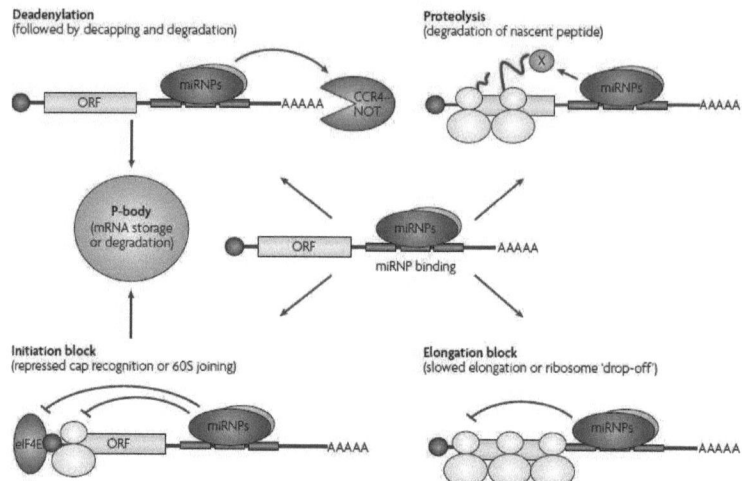

Abbildung 1.5: Mögliche Mechanismen der posttranskriptionalen Gen-Repression. Die Bindung der miRNPs, möglicherweise komplexiert mit akzessorischen Faktoren an mRNA 3'-UTRs, kann die De-Adenylierung und das De-Capping begünstigen (oben links). Alternativ können miRNPs translational reprimieren, entweder beim Schritt der Cap-Erkennung oder bei der Rekrutierung der ribosomalen 60s Untereinheit (unten links). mRNAs, die durch De-Adenylierung oder bei der Translationsinitiation inhibiert werden, in Processing-Bodies („P-Bodies") degradiert oder gelagert. Die Repression kann auch nach der Initiation der Translation stattfinden infolge von verlangsamter Elongation oder Ribosomen „drop-off" (unten rechts). Proteolyse von nascenten Polypeptiden wurde ebenfalls als ein Mechanismus vorgeschlagen (oben rechts). Die Protease X, welche in diesen Vorgang involviert sein könnte, wurde bislang nicht identifiziert. Das 7-Methylguanosin ist als roter Kreis gezeigt. eIF4E: eukaryotischer Initiationsfaktor 4E (nach Filipowicz et al, 2008).

Zur Identifikation von putativen miRNA-Zielgenen bedient man sich z. B. bioinformatischer Algorithmen, die aber eine eingeschränkte Vorhersagekraft besitzen. Diese berücksichtigen in der Regel neben der Bindungs-Sequenz die biologische Konservierung, Bindungsenthalpie, Sekundärstrukturen und andere Parameter (Berninger, Gaidatzis et al. 2008; Hausser, Berninger et al. 2009). Daneben entwickelt man zunehmend direktere biochemische Hochdurchsatz-Verfahren. So kann man etwa die AGO-Komplexe immunpräzipitieren und das Ausmaß der Bindung von mRNAs mit Gen-Chips bestimmen (Rudel, Flatley et al. 2008). Es ist auch möglich, die mRNAs innerhalb des RISC zu verlinken, den Komplex zu isolieren und ebenfalls die mRNAs zu detektieren (HITS-CLIP) (Licatalosi, Mele et al. 2008).

1.2.2 miRNAs und Tumorentstehung

Krebs ist eine komplexe genetische Erkrankung, gekennzeichnet durch eine weitestgehende Deregulation von sowohl Protein- als auch nicht-Protein kodierenden Genen. Aufgrund ihrer Rolle bei der posttranskriptionellen Genregulation können miRNAs analog zu Protein-kodierenden Genen als potentielle Onkogene oder Tumorsuppressoren betrachtet werden.

Viele verschiedene Hochdurchsatz-Expressionsanalysen wurden für diverse Krebsarten durchgeführt, die alle zur selben Beobachtung geführt haben: eine globale Deregulation und Herunterregulation von miRNAs in Tumoren gegenüber Normalgewebe (Calin, Liu et al. 2004; Iorio, Ferracin et al. 2005; Yanaihara, Caplen et al. 2006). Deregulation von Genen ist also nicht überraschend, da miRNA Profile für einen gegebenen Zelltyp oder Differenzierungsstatus hochspezifisch sind. Eine maligne Transformation geht einher mit einer Änderung des Phänotyps und des Differenzierungsstatus'. Daher kann eine entartete miRNA-Signatur eine Ursache und/oder eine Konsequenz dieses Ereignisses sein. Die Tatsache, dass miRNAs in Tumoren generell unterrepräsentiert vorliegen, spiegelt sich in dem alterierten Differenzierungszustand wider, da embryonale Stammzellen ebenso niedrige Mengen an miRNAs exprimieren und diese nach Beginn des Prozesses aktivieren (Wienholds, Kloosterman et al. 2005). Typischerweise findet man in Tumoren spezifische aberrante miRNA-Muster, was zur Schlussfolgerung von distinkten Mechanismen der Zelltransformation führt (Calin and Croce 2006). Außerdem ist es wahrscheinlich, dass diese Veränderungen mitunter sekundäre Effekte einschließen. Daher ist es nicht zwangsläufig so, dass die Fehlregulation einzelner miRNAs indikativ für eine kausale Rolle bei der Tumorpathogenese ist. Dennoch eignen sich solche Profile zur Klassifikation humaner Tumoren nach Zelltyp, Entwicklungslinie und Differenzierungsstatus und dies teilweise überlegener als die Analyse der mRNA-Expression (Lu, Getz et al. 2005).

Die mechanistischen Veränderungen, welche die Aktivität von miRNAs beeinflussen, sind dieselben, die auch Protein-kodierende Gene beeinflussen. Dazu zählen chromosomale Aberrationen, genomische Amplifikationen, Deletionen und Mutationen. So wurde gezeigt, dass miRNA-Loci oft in Tumor-assoziierten genomischen Regionen vorliegen (Croce 2009). Homozygote Mutationen oder die Kombination von Deletionen mit Mutationen in miRNA-Genen scheinen dagegen seltene Ereignisse zu sein (Calin, Liu et al. 2004). Einige Arbeitsgruppen konnten auch einen epigenetischen Aspekt der miRNA-Expression in Zusammenhang mit der Tumorgenese ausmachen und außerdem die Modulation von kritischen Mediatoren des Epigenoms (DNA-Methyltransferasen) durch miRNAs nachweisen (Saito, Liang et al. 2006; Garzon, Liu et al. 2009). Weiterhin denkbar sind auch Einzelnukleotid-Polymorphismen (SNPs) als Ursache familiärer Prädisposition für Krebserkrankungen.

Die Proto-Typen von „Onko-miRs" sind miR-155 und der miR-17-92-Cluster. Hohe Mengen von miR-155 konnten in Burkitt-Lymphomen, diffus-großzelligen B-Zell-Lymphomen und weiteren Tumoren nachgewiesen werden (Eis, Tam et al. 2005; Volinia, Calin et al. 2006; Kluiver, van den Berg et al. 2007). Dabei werden auch Tumorsuppressoren, wie z. B. TP53INP negativ reguliert (Gironella, Seux et al. 2007) (s. auch Diskussion). Der miR-17-92 Cluster besteht aus sechs Mitgliedern (miR-17, -18a, -19a, -19b-1, -20a, und -92-1) und reguliert E2F1 oder den prominenten Tumorsuppressor PTEN (O'Donnell et al., 2005; Xiao et al., 2008). MiR-15a und -16 können dagegen als Tumorsuppressoren angesehen werden. Diese beiden Homologe unterdrücken das Expressionsniveau des anti-apoptotischen BCL2 (B-cell lymphoma 2), (Cimmino, Calin et al. 2005) und sind häufig in CLL deletiert (Calin, Dumitru et al. 2002). Auch die Mitglieder der let-7 Familie wirken proliferationshemmend, da sie unter anderem das RAS-Onkogen unterdrücken (Johnson, Grosshans et al. 2005). Allerdings muss beachtet werden, dass aufgrund der Fülle an verschiedenen miRNA-mRNA Interaktionen und deren unterschiedliche Ko-Expression in diversem Zellkontext diese unterschiedliche Wirkungen entfalten können.

Explizite Studien von miRNAs in DLBCLs waren bislang deskriptiv beschränkt und ergaben zum Teil widersprüchliche Profile veränderter miRNA-Expression (Roehle, Hoefig et al. 2008; Lawrie, Chi et al. 2009). Allerdings konnte diese auch die verstärkte Expression von miR-155, -221 und -21 ein diskriminatorisches Potential zwischen den bekannten pathologischen Subtypen zuweisen (Lawrie, Soneji et al. 2007; Jung and Aguiar 2009). Die bereits dargelegten allgemeinen Prinzipien der Bedeutung von miRNAs für die Karzinogenese können auch auf die in dieser Arbeit besonderer Aufmerksamkeit gewidmeten B-Zell-Lymphome übertragen werden.

Die Tatsache ihrer mannigfaltigen Dysregulation in Erkrankungen und dass einige miRNAs (z. B. miR-21 (Volinia, Calin et al. 2006) in verschiedenen Tumoren fehlgesteuert sind, weckt auch neue Hoffnung, diese einst zu therapeutischen Zwecken einzusetzen. Denkbar ist eine Inhibition mit kleinen „anti-sense"-Molekülen überexprimierter miRNAs oder eine *in vivo* Darreichung von Analoga reduziert vorliegender miRNAs, welche die klassischen Therapiebedingungen verbessern könnten. Die ersten Schritte in diese Richtung wurden bereits unternommen (Calin, Cimmino et al. 2008; Kota, Chivukula et al. 2009).

1.2.3 EBV-kodierte miRNAs

Das Epstein-Barr-Virus war das erste Virus, von dem gezeigt werden konnte, dass es für eigene miRNAs kodiert (Pfeffer, Zavolan et al. 2004). Mittlerweile sind für miRNAs eine Vielzahl weiterer Herpes- und anderer Viren nachgewiesen worden. Dennoch scheint es so zu sein, dass präferentiell dsDNA-Viren die Fähigkeit erlangt haben die RNA-Interferenz für physiologische Zwecke adaptiert zu haben. Insgesamt wurden von mehreren Arbeitsgruppen bis heute 25 EBV-miRNAs auf unterschiedlichen Wegen identifiziert (Pfeffer, Zavolan et al. 2004; Cai, Schafer et al. 2006; Grundhoff, Sullivan et al. 2006; Zhu, Pfuhl et al. 2009). Die EBV-miRNAs sind genomisch in zwei Clustern organisiert. Der erste Cluster enthält drei miRNAs (BHRF1-1 bis -3) und liegt im Bereich des BHRF1-Gens (Bam H1 Fragment H Rightward Open Reading Frame 1). Die restlichen 22 miRNAs werden im BART-Gencluster (Bam H1 Fragment A Rightward Transcript) kodiert und als miR-BART1 bis -22 bezeichnet. Man geht davon aus, dass diese miRNAs mit dem BART-Transkript ko-exprimiert werden, anschließend aus den Introns heraus gespleißt, um weiter prozessiert zu werden (Edwards, Marquitz et al. 2008). Der häufig eingesetzte EBV-Laborstamm B95.8 weist eine ca. 11.8kb große Deletion in diesem Bereich auf, wo auch die meisten dieser miRNAs liegen. Aus diesem Grund wurden initial lediglich fünf der bislang bekannten EBV-miRs identifiziert (Pfeffer, Zavolan et al. 2004). Das Expressionsmuster dieser miRNAs weist eine ausgeprägte Heterogenität auf, welche vornehmlich vom Latenztyp und dem lytischen Zyklus bestimmt wird (Xing and Kieff 2007; Cameron, Fewell et al. 2008; Pratt, Kuzembayeva et al. 2009). So werden allgemein die EBV-miR-BHRF1-1 bis -3 stark in immortalisierten lymphoblastoiden Zellen und bestimmten BL-Linien im Latenztyp III exprimiert, in epithelialen oder B-Zellen im Latenztstadium I dagegen nur schwach exprimiert (Motsch, Pfuhl et al., 2007; Mrazek, Kreutmayer et al. 2007). Die Mitglieder des BART-Clusters werden in latent infizierten Epithelzellen mit Latenztyp II (z. B. NPCs), sowie EBV-infizierten PEL-Zellen (primary effusion lymphoma) stark produziert, umgekehrt zu LCL oder BL (Cai, Schafer et al. 2006).

Die Expression in primären Tumoren der EBV-miRNAs wurde bislang in NPCs, Magenkarzinomen, pädiatrischen Burkitt-Lymphomen, AIDS-assoziierten DLBCLs und PELs untersucht (Kim do, Chae et al. 2007; Xia, O'Hara et al. 2008; Zhu, Pfuhl et al. 2009). Beide Studien konnten entweder keinen Nachweis von BHRF1-miRs *in situ* oder nur in Latenzstadium III erbringen. Die BART-miRs wiesen dagegen ein sehr variables Expressions-Muster auf. Dennoch ist von den allermeisten dieser EBV-miRNAs die jeweilige Funktion noch unbekannt. Funktional charakterisiert wurde bislang die inhibierende Wirkung von miR-BART2 auf die virale Polymerase BALF5 und MICB (Barth, Pfuhl et al. 2008; Nachmani, Stern-Ginossar et al. 2009) BHRF1-3 auf das Chemokin CXCL-11 (Xia, O'Hara et al. 2008) und EBV-miR-BART22 auf LMP2A (Lung, Tong et al. 2009). EBV-miR-BART-1, -16 und 11-p dagegen haben einen reprimierenden Einfluss auf LMP1 (Lo, To et al. 2007). Diese Datensätze deuten wohl auf eine Bedeutung hinsichtlich der Immunmodulation, auf die Kontrolle der Latenzphase und den Eintritt in den lytischen Zyklus und die Immortalisierung heraus. Alle diese regulatorischen Mechanismen dienen offensichtlich dem „Überleben" und dem Entzug vor der Entdeckung des Virus durch das Immunsystem des Wirts („immune escape"). Dabei besteht wahrscheinlich ein wechselseitiger Einfluss von viralen miRNAs auf Wirtsgene und umgekehrt. Allerdings muss anhand von tiefer gehenden Untersuchungen noch nachgewiesen werden, dass diese Ansatzpunkte tatsächlich einen relevanten Beitrag zur Fortpflanzungsstrategie des Virus ausüben.

1.3 Ziele und Fragestellung der Arbeit

Das Epstein-Barr-Virus ist eines an seinen menschlichen Wirt am besten angepasste Virus, persistiert lebenslang asymptomatisch und führt in seltenen Fällen zu humanen malignen Erkrankungen. Das eigentliche Potential und die ursächliche Assoziation mit der Tumorgenese, wie mit dem hier untersuchten diffus-großzelligen B-Zell-Lymphom, bleibt aber weiterhin ein offenes Feld eingehender Untersuchungen. Neben den bereits bekannten immortalisierenden Transaktivatoren exprimiert das Virus eine Vielzahl nicht für Protein-kodierende Transkripte u. a. miRNAs. Ihre Rolle bei der Beteiligung der für das Virus günstigen wachstumsfördernden Zellveränderungen *in situ* bleibt weitgehend unklar. Des Weiteren ist es denkbar, dass EBV die zelleigene miRNA-Maschinerie für seinen Vorteil umfunktioniert.

Ziel dieser Arbeit war es daher ein globales Muster von differentiell exprimierten (viralen und zellulären) miRNAs in EBV-assoziierten diffus-großzelligen-, sowie follikuären B-Zell-Lymphomen zu generieren und eine mögliche Bedeutung für die Replikation des Virus sowie die Tumorbiologie abzuleiten. Des Weiteren sollte mit einem Klonierungsverfahren die *de novo* Identifikation von miRNAs betrieben werden. Es sollten Methoden entwickelt werden zur experimentellen Validierung differentiell exprimierter miRNA-Kandidaten und ihrer relevanten Zielstrukturen. Die postulierte miRNA-mRNA-Interaktion wurde anschließend in Reporterassays verifiziert. Die funktionelle Charakterisierung der *in vivo* ermittelten Ziel-mRNAs kann als langfristige Basis möglicher Therapie-Strategien von lymphatischen Tumoren dienen.

2 Material

2.1. Chemikalien und Geräte

Anmerkung: Alle Maßeinheiten sind im Folgenden in SI-Einheiten angeben.

Chemikalien (Reinheitsgrad p.A.):	Merck (Darmstadt), Sigma-Aldrich (St. Louis, USA), Roth (Karlsruhe).
Fotochemikalien:	Amersham Hyperfilm ECL, ECL-Western™ Blotting Detection Reagents (GE Healthcare, Pittsburgh, USA)
Membranen:	Immobilion (Millipore, Bedford, USA)
Radiochemikalien:	Hartmann Analytic (Braunschweig)
Ampicillin:	Roth (Karlsruhe)
Enzyme:	Roche Applied Bioscience (Mannheim), Sigma-Aldrich (St. Louis, USA), New England BioLabs (NEB, Ipswich, USA)
Taq-Polymerase:	Sigma-Aldrich (St. Louis, USA)
Plattenlesegerät:	Victor^2 Wallac 1420b Multiplate counter (PerkinElmer, Waltham, USA)
Zellzählgerät:	Casy®-Counter (Roche Innovatis, Reutlingen)

Material

Spektrofotometer:	NanoDrop1000 (Thermo, Waltham, USA)
Geldokumentationseinheit:	BioDoc-It™ Imaging System (UVP, Upland, USA)
Western-Blot Detektionseinheit:	ChemiDoc-It™ Imaging System (UVP, Upland, USA)
PCR-Machine:	Thermocycler T3000 (Biometra, Göttingen)
Real-Time PCR-Cycler:	Light-Cycler 1.5 System (Roche Applied Biosystems, Rotkreuz, Schweiz)
Blotting-Apparaturen:	Western-Blot: Trans-Blot® Semi-Dry SD (Biorad, Hercules, USA) Northern-Blot: Electro Blotting Unit (Stratagene, La Jolla, USA)
Phosphoimager:	Phosphoimager™-SF mit Exponierplatten, -Kammer und Belichter, Personal Densitometer, (GE Healthcare, Pittsburgh, USA)
FACS-Analyser:	Becton Dickinson™ FACScan™

Patientenmaterial:
Die Tumorproben wurden am Institut für klinische Pathologie am Universitätsspital Zürich nach den Richtlinien der ethischen Kommission des Kantons Zürich asserviert und für diese Studie zur Verfügung gestellt. Alle Gewebe waren pathologisch klassifiziert und sind als für diffus-großzellige bzw. indolente B-Zell-Lymphome exemplarisch angesehen worden.

Tabelle 2.1: Übersicht und Charakteristika der in dieser Studie verwendeten Gewebeproben (Abkürzungen s. Verzeichnis).

Gewebetyp	Diagnose	Anzahl	EBV-Status Gewebe	EBV-Status Patient
Total (qRT-PCR)				
Tonsillen	reaktiv	3	nicht bestimmt	positiv
B-CL (aggressiv)		10	negativ	3x negativ, 7x postiv
	DLBCL ABC	6		
	DLBCL GC	4		
B-CL (aggressiv)		10	positiv	alle positiv
	DLBCL ABC	4		
	DLBCL	3		
	anaplastisches LCL	1		
	BL	1		
	MedDLBCL	1		
cDNA-Banken		je 4		
Tonsillen	reaktiv	4	nicht bestimmt	positiv
indolonte B-CL	FLII (3x), FLIIIa (1x)	4	negativ	nicht bestimmt
B-CL (aggressiv)	DLBCL ABC	2	negativ	2x positiv, 2x negativ
	DLBCL GC	2		
B-CL (aggressiv)	DLBCL	2	positiv	alle positiv
	MedDLBCL	1		
	BL	1		

2.1 Medien

2.1.1 Nährmedien für Bakterien

LB (Luria-Bertani) Medium und Platten: 1% (w/v) Trypton, 0,5% (w/v) Hefe-Extrakt, 1% (w/v) NaCl, pH einstellen auf 7,0. Für Platten wurde 15g Agar auf einen Liter H_2O zugegeben, danach autoklaviert. Bei Transformation mit Vektoren mit Ampicillinresistenz wurde das entsprechende Antibiotikum in einer Endkonzentration von 0,1g/l eingesetzt.

2.1.2 Zellkulturmedien

DMEM:

Adhärente Monolayer-Zellkulturen wurden in "Dulbecco´s Modified Eagle Medium" (Invitrogen) kultiviert, welches mit 10% fötalem Rinderserum (FBS, Gibco) supplementiert wurde. Zur Aufrechterhaltung steriler Arbeitsbedingen wurde zusätzlich 1x „Antibiotics/Antimicotics" (Sigma-Aldrich) zugegeben.

RPMI 1640:

RPMI 1640-Medium (Invitrogen) wurde für die in Suspension wachsenden eukaryotischen Zellen verwendet. Das Medium wurde analog zu DMEM ergänzt. Für die Aufrechterhaltung des Selektionsdruckes von U2932-Zellen, die mit einem EBV-Plasmid mit entsprechendem Selektionsmarker transfiziert wurden, gab man das Antibiotikum G418 (Geneticin, Invitrogen) in einer Endkonzentration von 200mg/l hinzu.

2.2 Molekulargewichtsmarker

2.2.1 DNA-Molekulargewichtsmarker

Es wurden für Bestimmung doppelsträngiger DNA-Fragmente die 1kb und 100bp DNA-Leiter von NEB verwendet. Die 1kB Leiter setzt sich zusammen aus 10 diskreten Fragmenten der Größen (in bp) von: 500, 1000, 1500, 2000, 3000, 4000, 5000, 6000, 8000 und 10 000. Die 100bp Leiter setzt sich aus 12 Fragmenten zusammen mit den Größen (in bp): 100, 200, 300, 400, 500, 600, 700, 800, 900, 1000,1200 und 1500. Für die Gelanalyse wurde 1µl dieses Markers mit einer Konzentration von 0,5µg/µl eingesetzt.

2.2.2 Protein-Molekulargewichtsmarker

Zur Größenbestimmung der Molekülmasse von Proteinen wurde der Precision Plus Protein Prestained Standard, Dual-Color von Bio-Rad (Hercules, USA) benutzt. Diese reicht von 10 bis 250kDa und besteht aus 10 Proteinen mit: 10, 15, 20, 25, 37, 50, 75, 150, 250kDa. Pro Spur wurden 5µl der fertigen Lösung eingesetzt, wobei jedes Protein etwa in einer Konzentration von 0,1µg/µl enthalten ist.

2.3 Antikörper

Western-Blot:

Primärantikörper

- Maus anti-c-MYB Klon 1-1 (Millipore-Upstate, Billerica, USA)   1:500
- Maus anti-SIAH1 Klon 2F2 (Abnova, Tapei City, Tawain)   1:300
- Kaninchen anti-β-Actin (Cell Signaling, Boston, USA)   1:1000
- Kaninchen anti-β-Catenin (Cell Signaling, Boston, USA)   1:1000

Sekundarantikörper

- Streptavidin-konjugierte Horse-Raddish-Peroxidase (Bio-Rad)   1:5000
- Ziege anti-Kaninchen IgG-Peroxidase (Sigma-Aldrich)   1:20.000

2.4 Zelllinien

2.4.1 B-Zelllinien

BL41:

Diese EBV-negative B-Zelllinie wurde aus Tumormaterial eines Patienten mit Burkitt-Lymphom etabliert (Lenoir, Vuillaume et al. 1985).

BJAB:

EBV-negative Burkitt-Lymphom-Zelllinie ohne die BL-typische c-MYC-Translokation (Klein, Sugden et al. 1974).

BL41/B95-8:

Diese Zelllinie leitet sich von der parentalen BL41 Zelllinie durch Infektion mit dem EBV-Typ A Stamm B95-8 ab (Lenoir, Vuillaume et al. 1985).

U2932:

B-Zelllinie generiert aus Aszites eines Patienten mit diffus-großzelligem B-Zell-Lymphom, mit vormals chemotherapeutisch behandeltem Hodgkin-Lymphom (Amini, Berglund et al. 2002).

U2932-EBV (Klone A, B, 1, 2, 3)

U2932-abgeleitete Zelllinie infiziert mit EBV-GFP. Die einzelnen Klone zeichnen sich durch unterschiedliches EBNA2 Expressionsniveau aus. Alle Klone sind LMP1 positive (freundlicherweise zur Verfügung gestellt von P. Trivedi, Universität „La Sapienza", Rom).

2.4.2 Adhärente Zelllinien

HEK-293T:

Menschliche, embryonale Nierenepithelzelllinie mit Adenovirus-5-DNA immortalisiert, welches zusätzlich das „large T-Antigen" von SV40 exprimiert und somit die episomale Replikation von Plasmiden mit „SV-origin" gewährleistet. (DuBridge, Tang et al. 1987).

Material

2.5 Bakterienstämme

Zur Plasmidamplifikation, Transformation von Ligationsansätzen und Plasmidmutationen wurden jeweils der *E. coli*-Stamm DH5α (Woodcock et al. 1989), XL Blue (Stratagene) bzw. OneShot®Top10 (Invitrogen) eingesetzt.

2.6 Kits

Fugene HD Transfection Reagent	Roche Applied Bioscience (Rotkreuz, Schweiz)
Rapid DNA Ligation Kit	Roche Applied Bioscience (Rotkreuz, Schweiz)
LightCycler® FaststStart DNAMaster^{PLUS} SYBR Green I Kit	
	Roche Applied Bioscience (Rotkreuz, Schweiz
Naive B-cell Isolation Kit II	Miltenyi-Biotec (Bergisch-Gladbach)
B-cell Isolation Kit II	Miltenyi-Biotec (Bergisch-Gladbach)
QiaAmp DNA blood Kit	Qiagen (Hilden)
QiaPrep Gel extraction Kit	Qiagen (Hilden)
Qiaprep Spin Mini Prep Kit	Qiagen (Hilden)
QuickChange Mutagenesis Kit	Stratagene (La Jolla, USA)
SuperScript™ III First-Strand Synthesis System for RT-PCR	Invitrogen (Carlsbad, USA)
Dual-Glo™ Luciferase Assay System	Promega (Madison, USA)
Poly(A) Tailing Kit	(Ambion, Austin, USA)
*mir*Vana™ miRNA Labeling Kit (Ambion)	(Ambion, Austin, USA)

2.7 Puffer und Lösungen

- Ligasepuffer(10x): 10mM ATP
  50mM $MgCl_2$
  10mM DTT
  660mM Tris/HCl (pH=7,5)

Material

- PBS-Puffer (phosphate-buffered saline):
  140mM NaCl
  25mM KCl
  5mM $MgCl_2$
  1mM $CaCl_2$
  10mM Na/K-Phosphat, pH=7

- SDS-Gel-Laufpuffer:
  0,025M Tris/HCl
  0,1% (w/v) SDS
  0,2M Glycin

- Reaktionspuffer (10x) für die Taq-DNA-Polymerase:
  500mM KCl
  15mM $MgCl_2$
  100mM Tris/HCl, pH=9,0

- TAE-Puffer (50x):
  2mM Tris-HCl
  0,25mM NaAc
  0,5mM EDTA
  mit Eisessig add pH=7,8

- Ladepuffer (10x) für DNA- Agarosegelelektrophorese (Blaumarker):
  10 Teile 10x TAE
  70 Teile Glycerol
  einige Kristalle Bromphenolblau
  einige Kristalle Xylencyanol
  20 Teile 200mM EDTA, pH=8

- 2x Probenpuffer für SDS-Gele:
  6% (w/v) SDS
  25% (v/v) Trenngelstock
  10% (v/v) β-Mercaptoethanol
  10% (v/v) Glycerol

Material

- 2x RNA-Bromphenolblau-Ladepuffer (30 ml): Harnstoff 8 M
  EDTA (ph 8,0) 50mM
  Bromphenolblau 0,3 mg/ml

- Hybridisierungspuffer (30 ml): 7,5ml 20x SSC
  21ml 10% (w/v) SDS
  0,6ml 1 M Na_2HPO_4 (ph7,2)
  0,6ml 50x Denhardt's Solution (Sigma-Aldrich)
  0,5g Blocking Reagenz (Roche)

Western-Blot:
- Transferpuffer: 25mM Tris/HCl
  0,19M Glycin
  20% (v/v) Methanol
  0,05% (w/v) SDS

- Blockingpuffer: 5% (w/v) Magermilchpulver in PBS-Puffer

Ethidiumbromid: Lösung für die Zugabe zu Agarosegelen 1:1000 Verdünnung der Stammlösung (10mg/ml)

20x SSC (pH 7,0): 3M NaCl
0,3M Tri-Na-Citrat-2'-Hydrat

Waschlösung I (Northern-Blot): 5x SSC/1% SDS
Waschlösung II (Northern-Blot): 1x SSC/1% SDS
Ponceau-Rot-Lösung:

Ponceau-Rot: 2g
Trichloressigsäure: 30g
Sulfosalicylsäure: 30g
Wasser: 100ml

2.8 SDS-Polyacrylamidgele

Tabelle 2.2: Herstellung eines SDS-Polyacrylamidgels

Gelkomponenten	Trenngel (12%)	Sammelgel (5%)
H_2O	3,3ml	0,68ml
Acrylamidmix (30%)*	4ml	0,17ml
1,5M Tris (pH=8,8)	2,5ml	/
1,0M Tris (pH=6,8)	/	0,13ml
SDS (10%)	0,1ml	0,01ml
APS (10%)	0,1ml	0,01ml
TEMED	0,004ml	0,001ml

* enthält 29,2% Arcrylamid und 0,8% N,N'-Methylenbisacrylamid

2.9 Vektoren

<u>pSG5 (Stratagene)</u>

Der „high-copy" Vektor pSG5 ist ein eukaryotischer Expressionsvektor, welcher sowohl für eine *in vitro* als auch *in vivo* Transkription geeignet ist. Dieser Vektor wurde für miRNA-Überexpression in Säugerzellen verwendet. Einzelheiten können der unten dargestellten Abbildung entnommen werden.

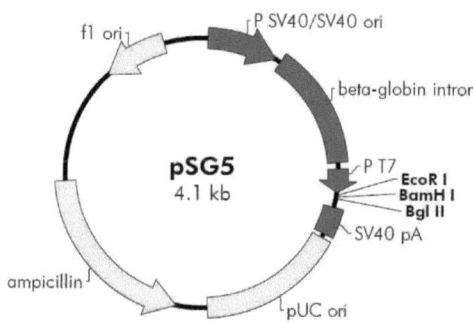

Abbildung 2.1: Schematische Darstellung des eukaryotischen Expressionsvektors pSG5.

Material

pMIR-Report™ (Ambion, modifiziert pMIR-RNL-TK)

Der pMIR-Report™ Vektor ist ein eukaryotischer Reporter-Expressionsvektor, der sich zum Quantifizieren des Einflusses von miRNAs auf entsprechend vorhergesagte Bindungstellen in 3'-UTR-Bereichen von Ziel-mRNAs eignet. Zu diesem Zweck kodiert das Plasmid für die Firefly-Luciferase (*photinus pyralis*) in dessen 3'-Bereich mittels eines Polylinkers mRNA-Sequenzen kloniert werden können. Das in dieser Arbeit verwendete Reporter-Konstrukt wurde von J. Zhu (Max-Planck-Institut für Biochemie, Martinsried) modifiziert, indem zusätzlich das Gen für die *Renilla muelleri*-Luciferase eingefügt und freundlicherweise zur Verfügung gestellt. Dies dient zum Zweck der internen Normalisierung, um Variationen der Transfektionseffizienz auszugleichen.

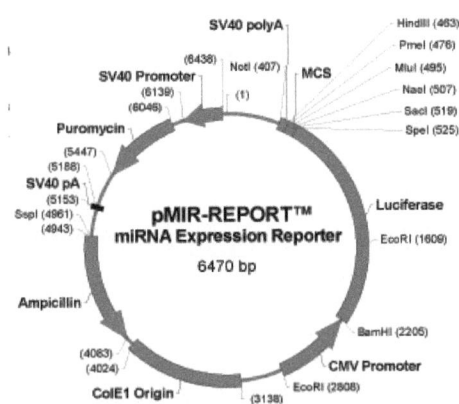

Abbildung 2.2: Schematische Darstellung des Luciferase-Reportevektors pMIR.

pCR®2.1-TOPO®-Vektor (Invitrogen)

Dieser Vektor wird verwendet zur schnellen Ligation von PCR-Produkten der Taq-Polymerase (Produkte erhalten am Ende einen TA-Überhang) und dient somit als „Reservoir" des amplifzierten DNA-Fragmentes, welches somit schnell transformiert, geprept und heraus verdaut werden kann. Als Selektionsmarker wird hier für prokaryotische Systeme ein Gen für Kanamycin- und Ampicillin -Resistenz verwendet.

Material

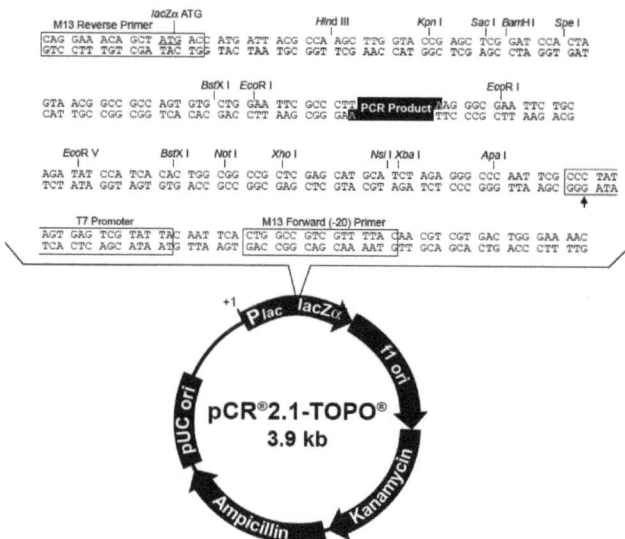

Abbildung 2.3: Schematische Übersicht des pCR®2.1-TOPO®-Vektors. Im oberen Teil der Abbildung ist die Sequenz des Polylinkers dargestellt.

pSG5/miR-155

Expressionsplasmid, welches zur ektopischen Expression der miR-155 in humanen Zelllinien diente. Dieses wurde im Labor von Prof. Grässer vormals generiert.

pSG5/miR-424

Expressionsplasmid, welches zur ektopischen Expression der miR-424 in humanen Zelllinien diente. Das Konstrukt umfasst die genomische mature pre-miRNA Sequenz, sowie 185bp upstream und 223bp downstream davon.

pMIR/c-MYB-3'UTR

Luciferase-Reporterkonstrukt zur Austestung eines möglichen reprimierenden Einflusses von miRNA-155 auf die Luciferase-Aktivität. Das Konstrukt schließt die 1986-2678nt der 3'-untranslatierten Region des c-MYB Gens ein (s. Abb. 4.17).

pMIR/c-MYB-3'UTR mut1

Luciferase-Reporterkonstrukt leitet sich durch Deletion der ersten drei Nukleotide der potentiellen miR-155-Bindungssequenz 1 (s. Abb. 4.17) von pMIR/c-MYB-3'UTR ab.

Material

pMIR/c-MYB-3'UTR mut2
Luciferase-Reporterkonstrukt leitet sich durch Deletion der ersten drei Nukleotide der potentiellen miR-155-Bindungssequenz 2 (s. Abb. 4.17) von pMIR/c-MYB-3'UTR ab.

pMIR/c-MYB-3'UTR mut1+2
Luciferase-Reporterkonstrukt leitet sich durch Deletion der je ersten drei Nukleotide der potentiellen miR-155-Bindungssequenzen 1 und 2 (s. Abb. 4.17) von pMIR/c-MYB-3'UTR ab.

pMIR/c-MYB-3'UTR(424)
Luciferase-Reporterkonstrukt zur Überprüfung eines möglichen reprimierenden Einflusses von miRNA-424 auf die Luciferase-Aktivität. Das Konstrukt schließt die 2647-2863nt der 3'-untranslatierten Region des c-MYB-Gens ein (s. Abb. 4.17).

pMIR/c-MYB-3'UTR(424) mut3
Luciferase-Reporterkonstrukt leitet sich durch Deletion der ersten drei Nukleotide der potentiellen miR-424-Bindungssequenz 3 (s. Abb. 4.17) von pMIR/c-MYB-3'UTR(424) ab.

pMIR/c-MYB-3'UTR(424) mut4
Luciferase-Reporterkonstrukt, leitet sich durch Deletion der ersten drei Nukleotide der potentiellen miR-424-Bindungssequenz 4 (s. Abb. 4.17) von pMIR/c-MYB-3'UTR(424) ab.

pMIR/c-MYB-3'UTR(424) mut3+4
Luciferase-Reporterkonstrukt, leitet sich durch Deletion der je ersten drei Nukleotide der potentiellen miR-424-Bindungssequenzen 3 und 4 (s. Abb. 4.17) von pMIR/c-MYB-3'UTR(424) ab.

pMIR/SIAH1-3'UTR
Luciferase-Reporterkonstrukt zur Überprüfung eines möglichen reprimierenden Einflusses von miRNA-424 auf die Luciferase-Aktivität. Das Konstrukt schließt die 1295-1500nt der 3'-untranslatierten Region des SIAH1-Gens ein (s. Abb. 4.17).

pMIR/SIAH1-3'UTR mut
Luciferase-Reporterkonstrukt leitet sich durch Deletion der ersten drei Nukleotide der potentiellen miR-424-Bindungssequenz (s. Abb. 4.17) von pMIR/SIAH1-3'UTR ab.

pMIR/SKI-3'UTR
Luciferase-Reporterkonstrukt zur Überprüfung eines möglichen reprimierenden Einflusses von miRNA-155 auf die Luciferase-Aktivität. Das Konstrukt schließt die 3067-3338nt der 3'-untranslatierten Region des SKI-Gens ein (s. Abb. 4.17).

pMIR/LATS2-3'UTR
Luciferase-Reporterkonstrukt zur Überprüfung eines möglichen reprimierenden Einflusses von miRNA-424 auf die Luciferase-Aktivität. Das Konstrukt schließt die 3902-4180nt der 3'-untranslatierten Region des LATS2-Gens ein (s. Abb. 4.17).

2.10 Oligonukleotide

Klonierungsprimer
Die Schnittstellen der angegebenen Restriktionsenzyme sind unterstrichen.

miRNA-Klonierungsprimer (für pSG5)

miR-424F(EcoRI)	5'-GATA<u>GAATTC</u>CGGCTCCACCTGCAGCTCCTGGAAATCAAATGG-3'
miR-424R(BglII)	5'-GATA<u>AGATCT</u>CTGCCCTCCCCGGACTACAGCCCTGC-3'

miRNA-Target-Klonierungsprimer (für pMIR-RNL-TK)

SIAH1F(SpeI)	5'-GATA<u>ACTAGT</u>GCGTGGGAGTGTGTGCCTGCGTGGG-3'
SIAH1R(SacI)	5'-GATA<u>GAGCTC</u>CCTGAATTACAGAAAAGTCAAATTTATTTAATG-3'
LATS2F(SpeI)	5'-GATA<u>ACTAGT</u>CAATAGGCTTTTCAGGACCTTCACTGC-3'
LATS2R(SacI)	5'-GATA<u>GAGCTC</u>CCGTGACATTGAGCAGAGTGTTATC-3'
MYB155F(SpeI)	5'-GATA<u>ACTAGT</u>CCCTGGCGAGCCCCTTGCAGCCTTG-3'
MYB155R(SacI)	5'-GATA<u>GAGCTC</u>GCTAACAGAAAACTCATAAAATGGTTTGGTAC-3'
MYB424F(SpeI)	5'GATA<u>ACTAGT</u>GTACCAAACCATTTTATGAGTTTTCTGTTAGC-3'

Material

MYB424R(SacI) 5'-GATA<u>GAGCTC</u>CCTAACACCAAGTTTCTTTTCTTTCTGTCC-3'

Quantitative miRNA-Expressionsanalyse

Poly(T) adapter 5'-GCGAGCACAGAATTAATACGACTCACTATAGG(T)$_{12}$VN*-3'
Reverse primer 5'-GCGAGCACAGAATTAATACGAC-3'
qRT-miR-155 5'-TTAATGCTAATCGTGATAGGGGTAA-3'
qRT-miR-424 5'-CAGCAGCAATTCATGTTTTGAA-3'
qRT-5.8srRNA 5'-CTACGCCTGTCTGAGCGTCGCTT-3'

* N=A,G,C,T ; V=A,G,C

Mutagenisierungsprimer

miR-155 c-MYB-Bindestelle 1
MYBMut1F 5'-GACATTTCCAGAAAAGCATGGTTTTCAGAACACTTC-3'
MYBMut1R 5'-GAAGTGTTCTGAAAACCATGCTTTTCTGGAAATGTC-3'
miR-155 c-MYB-Bindestelle 2
MYBMut2F 5'-CATATATTTTTAAAAATCAGTAAAAGCACTCTAAGTGTAG-3'
MYBMut2R 5'-CTACACTTAGAGTGCTTTTACTGATTTTTAAAAATATATG-3'
miR-424 c-MYB-Bindestelle 1
MYBMut3F 5'-GAAAAACGTTTTTTGCTATGGTCTTAGCCTGTAG-3'
MYBMut3R 5'-CTACAGGCTAAGACCATAGCAAAAAACGTTTTTC-3'
miR-424 c-MYB-Bindestelle 2
MYBMut4F 5'-GCCTGTAGACATGCTAGTATCAGAGGGGC-3'
MYBMut4R 5'-GCCCCTCTGATACTAGCATGTCTACAGGC-3'
miR-424 SIAH1-Bindestelle
SIAH1MutF 5'-GAGTCAATACATAGTGCTGTGTGCTTTTTTTGTGTG-3'
SIAH1MutR 5'-CACACAAAAAAAGCACACAGCACTATGTATTGACTC-3'

Sequenzierungsprimer

pMIR-SeqF 5'-CCAAGCTAGCGGCCGCATACAA-3'
pMIR-SeqR 5'-GAAGTACCGAAAGGTCTTACCGG-3'

pSG5-SeqF	5'-AGCTCCTGGGCAACGTGCTGGT-3'
pSG5-Seq:	5'-ATACCGCTCGCCGCAGCCGAAC-3'
M13F	5'-TGAGTTTCGTCACCAGTA-3'

Oligonukleotide für Northern-Blot Sondenmarkierung

Die komplementäre Sequenz zum T7-Promoter ist unterstrichen.

miR-155	5'-TTAATGCTAATCGTGATAGGGG<u>CCTGTCTC</u>-3'
miR-424	5'-CAGCAGCAATTCATGTTTTGAA<u>CCTGTCTC</u>-3'
miR-1-2*-like	5'-ACATACTTCTTTATATGCCCAT<u>CCTGTCTC</u>-3'
U6	5'-CTCGCTTCGGCAGCACATATACTAAAATTGGAACG<u>CCTGTCTC</u>-3'

miRNA-Inhibitoren, miRNA-mimics und Kontroll-Oligonukleotide (Ambion)

Der Hersteller macht keine genauen Angaben über Sequenz und chemische Struktur der angebotenen Moleküle.
hsa-miR-155 mir-Inhibitor (AM12601)
hsa-miR-424 mir-Inhibitor (AM10306)
Anti-miR™ miRNA Inhibitors-Negative Control #1 (AM17010)
FAM™ dye-labeled Anti-miR™ Negative Control #1 (AM17012)
Pre-miR™ miRNA Precursor 424 (PM10306)
Cy™3 dye-labeled Pre-miR™ Negative Control #1 (AM17120)

2.11 NCBI Genbank Accession Numbers

NM_005375	c-MYB
NM_003031	SIAH1
NM_003036	SKI
NM_014572	LATS2

2.12 Computersoftware und bioinformatische Algorithmen

Die Datenerfassung der FACS-Messungen erfolgte mittels BD CELLQuest™ für Apple™ PowerMac™. Für die Analyse der FACS-Daten und die graphische Darlegung der Ergebnisse wurden die Programme FlowJo, Version 7.5 und GraphPad

Prism 5 verwendet. Tabellen wurden mit Microsoft Excel 2003 für Windows® XP erstellt. Für die schriftliche Ausarbeitung der Arbeit kam Microsoft Word 2003 zur Anwendung. Für die Darstellung von Schaubildern und Graphiken wurden Microsoft Powerpoint und Adobe Photoshop 4 herangezogen. Die erhaltenen DNA-Sequenzen wurden mittels der Internet-basierten Sequenzdatenbank "BLASTN" (= Standard nucleotide-nucleotide BLAST/BLAST = Basic Local Alignment Search Tool) (Altschul, Madden et al. 1997) am NCBI (=National Center for Biotechnology Information, National Institutes of Health (NIH, USA) analysiert. Zur Auswertung und Quantifizierung der radioaktiven Gele und Blots im PhosphorImager™SF (GE Healthcare) wurde die Software Image Quant 5.1 verwendet. Die semi-manuelle Bearbeitung der erhaltenen 454-Sequenzen über Excel-Makros wurde von Jiayun Zhu (MPI für Biochemie, Martinsried) entwickelt und analog angewendet (Zhu et al.; 2009). Die Sanger-Database (http://www.mirbase.org) enthält alle zurzeit bekannten miRNA-Sequenzen und floss in die miRNA-Expressionsanalyse ein („deep-sequencing"). Für die mRNA Zielsequenz Vorhersage von miRNAs wurden PicTar (http://pictar.mdc-berlin.de), TargetScan (http://www.targetscan.org), miRTar (http://mirtar.mbc.nctu.edund mirnaviewer (http://cbio.mskcc.org/mirnaviewer) verwendet. Für die Filterung anderer, nicht-kodierender RNAs aus den Sequenzierdaten kam fRNAdb:Blast (http://www.ncrna.org/frnadb/blast) und sno/scaRNAbase (http://gene.fudan.sh.cn/snoRNAbase.nsf) zum Einsatz. Potentielle „hairpin"-Sequenzen wurden mit RNAfold (http://rna.tbi.univie.ac.at/cgi-bin/RNAfold.cgi) und MFold (http://mobyle.pasteur.fr/cgi-bin/portal.py?form=mfold) ermittelt. Die Auswertung der real-time PCR Ergebnisse erfolgte mittels der von Roche Applied Bioscience mitgelieferten LightCycler® Software 4.05.

2.13 Firmen und kooperierende Einrichtungen

Die Generierung von cDNA-Banken aus kleinen RNAs aus Tumormaterial wurde von Vertis Biotechnologie AG (Freising) übernommen. Das „deep-sequencing" dieser cDNA-Banken wurde von 454 Life Science (Brandford, USA) ausgeführt und die Sequenzdaten als RTF-Format übermittelt (Margulies, Egholm et al. 2005).

Die Analyse der nicht annotierten „library"-Sequenzen zur Identifizierung möglicher unbekannter miRNAs mittels „miR-deep"-Algorithmus (Friedlander, Chen et al. 2008) übernahm freundlicherweise Weihong Qi (Functional Genomics Center Zurich, Schweiz).

3 Methoden

3.1 Bakterien-Techniken

3.1.1 Kultivierung von *E. coli*-Stämmen
(Sambrook 1989)

Suspensionskulturen von *E. coli* wurden in LB-Medium kultiviert. Zur Selektion und Amplifikation transformierter Bakterien sind dem Medium die Antibiotika Ampicillin (100µg/ml) beigemischt. Angeimpft wurden 100-500ml LB-Medium mit 50µl einer transformierten Bakterienkultur. Das Wachstum erfolgte aerob über Nacht bei 37°C auf einem Schüttler. Für Plattenkulturen wurden LB-Agarplatten mit jeweils 50µl Bakterienkultur angeimpft und die Bakterien mit einem Drigalski-Spatel auf deren Oberfläche verteilt. Zur Selektion transformierter Bakterien sind wiederum LB-Agarplatten zuzüglich eines Antibiotikums verwendet worden.

3.1.2 Kompetente Bakterien
(Kushner 1979)

Als kompetente Bakterien bezeichnet man Stämme, die eine erhöhte Fähigkeit besitzen, Fremd-DNA während einer Transformation aufzunehmen.

Zu ihrer Herstellung wurden 30ml LB-Medium mit 50µl des jeweiligen Bakterienstammes angeimpft und über Nacht bei 37°C geschüttelt. Am nächsten Morgen wurden 8ml entnommen und in 200ml frisches LB-Medium überführt. Die weitere Kultivierung erfolgte bis zu einer optischen Dichte (OD) von ca. 0,3 bei einer Wellenlänge von 600nm. Danach konnte die Kultur auf 4 Aliquots à 50ml aufgeteilt, 15min auf Eis inkubiert und anschließend bei 4°C und 4000 rpm (Biofuge fresco, Heraeus Instruments) abzentrifugiert werden. Die pelletierten Bakterien wurden in je 16ml Transformationspuffer resuspendiert, erneut 15min auf Eis gestellt und unter den gleichen Bedingungen zentrifugiert. Abschließend sind die Bakterienpellets in je 4ml Transformationspuffer aufgenommen, à 100µl aliquotiert (mit 50% Glycerol) und in flüssigem Stickstoff schockgefroren worden. Die Lagerung der kompetenten Stämme erfolgte bei -70°C.

Methoden

3.1.3 Transformation

(Lederberg and Cohen 1974)

Als Transformation bezeichnet man eine Methode, bei der gelöste DNA in eine Bakterienzelle eingeschleust wird. Während einer halbstündigen Inkubation eines Bakterien-DNA-Gemisches auf Eis lagert sich die negativ geladene DNA spontan an Bakterienzellwände an. Bei einem Hitzeschock von 30s bei 42°C wird die Zellmembran der Bakterien kurzzeitig permeabel und die DNA kann ins Innere der Zellen gelangen. In der Regel wird vor einer Kultivierung der Zellen in LB-Medium oder auf LB-Platten und nach einer wenige Minuten dauernden Regeneration auf Eis eine Vorkultur für eine Stunde bei 37°C in SOC-Medium durchgeführt. Dabei bauen die transformierten Bakterien die durch das aufgenommene Plasmid neu erworbenen Resistenzeigenschaften auf. Pro Transformationsansatz sind 50µl einer tiefgefrorenen, auf Eis aufgetauten Bakterienkultur mit 10µl eines Ligationsansatzes bzw. einer DNA-Lösung vermischt worden.

3.2 Zellkultur- und Zellbiologietechniken

3.2.1 Kultivierung von Säugerzellen

Kultivierung von adhärenten Zellen

Die Zellkultur wurde in einem Inkubator in wasserdampfgesättigter Atmosphäre und 5%-iger CO_2-Begasung bei 37°C durchgeführt. Die HEK 293T-Zelllinien wurden in DMEM-Medium (Dulbecco's Modified Eagle Medium) supplementiert, wie bereits beschrieben, inkubiert. Die Passage der Zellen erfolgte entsprechend dem Wachstum, in der Regel zweimal wöchentlich. Bei Bedeckung der gesamten Kulturfläche (Konfluenz) wurde die Subkultivierung der Zellen durchgeführt, indem die in PBS gewaschenen Zellen eines angemessenen Aliquots in neue Zellkulturgefässe überführt wurden.

Kultivierung von B-Zellen

B-Zelllinien wurden in RPMI 1640-Medium im Brutschrank bei 37°C und 5% CO_2 gehalten und zweimal wöchentlich subkultiviert, indem die Zellsuspension ungefähr 1:5

mit frischem Medium verdünnt wurde. So konnte die nötige Vitalität und eine exponentielle Wachstumsphase erzielt werden.

Zellzahlbestimmung

Zur Zellzahlbestimmung wurde der Casy®-Counter verwendet. Die Bestimmung der Zelldichte und qualitative Beurteilung einer Zellpopulation erfolgte durch Zugabe von 50µl der zu zählenden Zellkultur in 10ml (Verdünnung 1:200) einer Elektrolytlösung (CASYton™) und der anschließenden Messung im Counter. Das Messprinzip basiert auf einer Änderung des elektrischen Widerstandes (abhängig von der Zellgröße) innerhalb einer elektrolythaltigen Kapillare. Die Analyse erfolgt anhand eines Histogramms, welches die Größenverteilung der analysierten Kultur wiedergibt.

Kryokonservierung von Zellen

Die Kryokonservierung erfolgte durch Abernten und Zentrifugation (2min, 1500rpm) der Zellen. Nach Waschen mit PBS und Resuspension erfolgte eine Bestimmung der Zellzahl und Einstellen auf einen Wert von $3-5 \times 10^6$ Zellen/ml mit Einfriermedium (90% FBS, 10% DMSO) in Kryoröhrchen. Diese Röhrchen wurden in eine spezielle mit Isopropanol gefüllte Einfrierbox 2-3 Tage bei -70°C aufbewahrt. Dies ermöglicht eine langsame und zellschonende Abkühlung. DMSO verhindert dabei die Entstehung von Eiskristallen, welche die Zellmembran schädigen könnten. Letztendlich wurden die Zellen in flüssigem Stickstoff aufbewahrt, wo sie über mehrere Monate hinweg haltbar sind. Zum Auftauen von Zellen werden diese auf flüssigem Stickstoff transportiert und bei 37°C möglichst schnell aufgetaut. Es wird nun schrittweise kaltes Medium hinzugefügt, und anschließend werden die Zellen bei 4°C und 1500rpm für 10min zentrifugiert. Das Pellet wird in frischem Medium resuspendiert und die Zellen schnellstmöglich im Brutschrank inkubiert.

Transiente Transfektion von Plasmid-DNA (Fugene® HD, Roche Applied Biossystems)

Das Fugene HD® Transfektions Reagenz bestehend aus Lipiden und weiteren Bestandteilen, welche mit DNA komplexiert werden können. Diese Komplexe werden

Methoden

von Säugerzellen bei minimaler Zytotoxizität endozytiert. Bei einer 80-90%-igen Konfluenz der Zellen wurde standardmäßig das Herstellerprotokoll (im Verhältnis 4:2; Fugene®HD:Vektor-DNA) angewendet. Die Zellen wurden anschließend bis zum experimentellen „read-out" 48h im Brutschrank inkubiert.

Transfektion von miRNA-Inhibitoren und miRNA-mimics (siPORT™ NeoFX™, Ambion)

Da humane B-Zellen generell ein schwierig zu transfizierender Zelltyp darstellen, musste zuerst ein passendes Transfektionsmittel gefunden werden. Zu Optimierungszwecken wurden hierbei Fluoreszenz-markierte RNA-Moleküle eingesetzt und stufenweise folgende Parameter wie Konzentration von Transfektionsagenz und Oligonukleotiden, Inkubationsdauer, sowie Zellzahl variiert und anschließend im Durchflusszytometer analysiert (s. Abb. 4.23). Das eingesetze Lipid-basierte Agenz erlaubt höchste Transfektionseffizienzen mit vernachlässigbarer Zytotoxizität und wurde zum Einschleusen von kleinen RNAs in B-Zellen benutzt. Diese Methodik wird als reverse Transfektion bezeichnet. Dabei werden die Zellen simultan ausplattiert und transfiziert. Dieses Vorgehen soll die inter- und intra-Assay-Variabilität minimieren. Der Blocking-Assay mit miRNA-Inhibitoren wurde mit Abweichungen entsprechend den Angaben des Herstellers in 6-Well Platten durchgeführt. Die FAM- und Cy3-gekoppelten Oligonukleotide dienten als Indikator zur Optimierung der Transfektionseffizienz. Es wurden jeweils 60pMol pro $1x10^4$ Zellen transfiziert und drei Tage inkubiert. Für einen typischen miRNA Blocking-Assay wurden $1x10^6$ Zellen verwendet und die benötigten Mengen an Oligonukleotid bzw. Transfektionsagenz heraufgerechnet. Anschließend könnten die so behandelten Zellen entweder durchflusszytometrisch oder proteinbiochemisch analysiert werden.

Luciferase-Reporterassay

Das Prinzip des Luciferase-Reporterassays basiert auf der Messung der relativen Luciferase-Enzymaktivität, welches die ATP-abhängige Spaltung des Substrats Luciferin unter Abgabe von Licht katalysiert (Oxidation). Das hier eingesetzte Reporterkonstrukt beinhaltet zusätzlich die kodierende Sequenz einer weiteren Luciferase aus *Renilla muelleri*, welches als interne Normalisierung dient, eine andere Substratspezifität aufweist und somit Abweichungen der Transfektionseffizienz ausgleichen soll. Die abgegebene Lichtmenge ist dabei abhängig von der synthetisierten Enzymmenge und ermöglicht deshalb quantitative Aussagen. Das Luciferase-Fusionsgen besteht aus der „Firefly"-Luciferase kombiniert mit der 3'-untranslatierten Region der mRNA, welche vorhergesagte Bindungsstellen für miRNAs enthält. Ist dieses System tatsächlich reguliert durch RNA-Interferenz, so kommt es zu einer miRNA-abhängigen Destabilisierung des Reporter-Konstrukts und somit zu einer erniedrigten relativen Luciferase-Aktivität.

Zu diesem Zweck wurden zunächst 1×10^5 HEK 293-T Zellen in 24-well Platten ausgesät und 24h später mit Fugene® HD c-MYB den Angaben des Herstellers im Verhältnis 1:2 (pMiR-3'-UTR Reporter-Konstrukt:pSG5-miR-Expressionsvektor) kotransfiziert. Die Gesamtmenge der DNA wurde bei 2µg konstant gehalten. Die Bestimmung der relativen Luciferase-Aktivität erfolgte 48h später in LUMITRAC® µClear 96-well Platten (weiß, Greiner Bio-One) im Mikroplatten-Lesegerät (Programm 7: Lumineszenz). Hierzu wurden die Zellen zunächst mit 100µl 1x Lysispuffer (Promega) behandelt und hiervon 25µl in die Platte transferiert. Die Zugabe von je 25µl Luciferase-Substrat (Dual-Glo™ Luciferase-Assay System, Promega) wurde gemäß den Angaben des Herstellers vollzogen. Jede Transfektion wurde in Triplikaten ausgeführt und jedes Experiment mindestens dreimal wiederholt. Die statistische Auswertung und graphische Darstellung der einzelnen, unabhängigen Experimente erfolgte mit Hilfe des Programmes GraphPad Prism 5. Die statistische Signifikanz der Standardabweichungen wurde mittels des programminternen „students t-tests, pairwise" ermittelt und P-Werte kleiner als 0,05 als signifikant angesehen.

3.3 DNA-Techniken

3.3.1 Agarosegelelektrophorese

Prinzipien der Agarosegelelektrophorese
(Sambrook 1989)

Während einer Agarosegelelektrophorese erfolgt eine Auftrennung von Nukleinsäurefragmenten aufgrund ihrer unterschiedlichen Größen. Durch den Einsatz eines DNA-Molekulargewichtsmarkers als internen Standard können die Größen der Fragmente bestimmt werden. Die Auftrennung während eines Gelelektrophorese-Laufes erfolgt durch ein elektrisches Feld, in dem die negativ geladene Nukleinsäure durch die Poren des Gels zur Anode wandert. Da sich kleine Fragmente schneller durch die

Maschen des Gels bewegen, legen sie eine weitere Entfernung zurück als Fragmente mit einem höheren Molekulargewicht. Die Mobilität der Fragmente und damit die Auftrennung sind abhängig von der Porengröße des Gels. Sie wird durch die Konzentration der Agarose bestimmt. Je weniger Agarose eingesetzt wird, desto größer ist der durchschnittliche Porendurchmesser.

Herstellung eines DNA-Agarosegels

Es wurden 1,5%-ige Agarosegele zur Auftrennung von DNA-Fragmenten bis 10kb und 3%-ige Gele für einen Trennbereich von 0,1-2kb hergestellt und verwendet. Die berechnete Agarosemenge für 150ml 1x TAE-Puffer wurde durch Aufkochen in einer Mikrowelle gelöst. Nach Abkühlung auf ca. 55°C erfolgte die Zugabe von 25µl einer Ethidiumbromidstammlösung (10mg/ml). Ethidiumbromid interkaliert in die Nukleinsäuren, wodurch diese unter UV-Licht als fluoreszierende Banden sichtbar werden und fotographisch dokumentiert werden können.

Qiaprep Spin Mini Prep Kit, QiaAmp DNA blood Kit, QiaPrep Gel extraction Kit

Bei Bedarf an hoch reinen DNA-Proben kamen diese Kits zum Einsatz. Das Aufschließen der Zellen wird durch eine modifizierte alkalische Lyse vollzogen. Diese Methode eignet sich zur Isolation von Plasmiden entsprechend der gewünschten Anwendung aus 1,5-2ml/100ml Zellkulturen und Agarosegelen. Danach wird die DNA an eine in Säulchen gepackte Glasfibermatrix gebunden. Über mehrere Waschschritte werden Proteine und andere Verunreinigungen entfernt und die DNA schließlich mit Wasser wieder eluiert. Alle Schritte wurden nach Angaben des Herstellers vollzogen.

3.3.2 Die Polymerase-Ketten-Reaktion (PCR)

(Saiki, Gelfand et al. 1988)

Die Polymerase-Ketten-Reaktion (Polymerase Chain Reaction, PCR) ermöglicht die gezielte *in vitro*-Amplifikation von DNA-Fragmenten bis zu einer maximalen Größe von 12kb. Die Vervielfältigung doppelsträngiger DNA verläuft exponentiell. Zu Beginn der Reaktion muss die doppelsträngige DNA-Matrize durch kurzzeitiges Erhitzen auf über 90°C in Einzelstränge denaturiert werden. Im anschließenden Anlagerungsschritt binden spezifische Oligonukleotide, die sogenannten Primer, an ihre komplementären Sequenzen auf der „Template-DNA". Die für diesen „Annealing-Schritt" eingesetzte Temperatur ist von der Basenzusammensetzung und Größe der verwendeten Primer abhängig. Es werden jeweils zwei spezifische Primer benötigt, die das zu amplifizierende Fragment eingrenzen und zu je einem der Matrizenstränge komplementär sind. Wenn beide Primer gebunden haben, werden die beiden freien 3'-Enden durch die Polymerase komplementär zu dem jeweiligen Matrizenstrang synthetisiert. Diese Elongation wird bei einer für die eingesetzte Polymerase optimalen Arbeitstemperatur durchgeführt. Alle für diese Technik verwendbaren Polymerasen stammen aus thermophilen Mikroorganismen und arbeiten bei Temperaturen zwischen 68°C und 72°C. Nach dem Elongationsschritt beginnt ein neuer Zyklus, der ebenfalls wieder aus Denaturierung, Annealing und Elongation besteht. Diese Zyklen werden etwa 30-40x wiederholt und ermöglichen so die selektive Amplifikation des gewünschten DNA-Fragmentes.

3.3.3 Quantifizierung von miRNAs durch semi-quantitative real-time PCR

Tumorgewebeproben wurden unter RNAse-freien Bedingungen homogenisiert und die Total-RNA mittels der TRIzol®-Methode (Invitrogen) isoliert. DNAse I- (Invitrogen) behandelte RNA wurde durch Anwendung des poly(A)-tailing Kits (Ambion) polyadenyliert und anschließend Chloroform-Phenol präzipitiert gefolgt von einer reversen Transkription nach Herstellerangaben (SuperScript™ III First strand synthesis system, Invitrogen) durch Benutzung des Poly(T)-Adapter-Primers. Die semi-quantitative RT-PCR wurde ausgeführt wie bereits beschrieben (Shi and Chiang 2005) auf dem Light-Cycler 1.5 System unter Verwendung von LightCycler® FastStart DNAMaster^{PLUS} SYBR Green I Kit (Roche Applied Science, Mannheim, Germany). Das Prinzip basiert auf der DNA-interkalierenden Eigenschaft des SYBR Green I Fluoresenzfarbstoffes. Damit kann die neu synthetisierte DNA-Menge in Echtzeit („real-time") durch Anregung bei 494nm und Messung der Emission bei 521nm nach verfolgt werden. Der Eintritt in die exponentielle Vervielfältigungsphase an dem mathematische Referenzwerte bestimmt werden, ist dabei abhängig von der Ausgangsmenge der DNA und wird anhand von internen Referenzgenen, welche in allen Proben relativ unverändert bleiben (hier humane 5.8s rRNA), normalisiert. Tabelle

3.1 gibt Auskunft über die einzelnen verwendeten PCR-Programme der individuellen miRNAs (verwendete Primer s. 2.11).

Tabelle 3.1: Übersicht der verwendeten PCR-Programme zur quantitativen real-time PCR

	Temperatur	Zeit	miRNA/Gen
Vorinkubation			
Denaturierung	95°C	10 min	miR-155
Denaturierung	95°C	5 min	5.8s rRNA, miR-424 (mit zusätzlich 5µM MgCl$_2$),
Amplifikation			
Denaturierung	95°C	10s	alle miRNAs/Gene
Primer-Annealing	63°C	5s	miR-155
	66°C 5 s	5s	5.8s rRNA
	68-61°C	5s	"touchdown", Start Zyklus 10, absteigend 1° C/Zyklus; miR-424
Extension	72°C	5s	alle miRNAs/Gene

Nach jeder PCR-Reaktion wurde eine Schmelzkurven-Analytik zur Bestimmung der Spezifität des gewonnenen Amplikons ermittelt. Die Zyklenanzahl der Amplifikation wurde für jede miRNA individuell anhand des abgeschätzten Expressionsniveaus (Zelllinien) eingestellt. Die relativen Expressionsänderungen wurden nach $2^{(-\Delta\Delta c_T)}$-Methode berechnet (Livak and Schmittgen 2001).

3.3.4 Spaltung von DNA durch Restriktionsendonukleasen

(Sambrook 1989)

Unter Restriktionsendonukleasen versteht man bakterielle Enzyme, die Sequenz-spezifisch oder in definiertem Abstand zu solchen die Phosphodiesterbindungen von DNA-Molekülen spalten. Die vom Hersteller empfohlenen Puffer- und Temperaturbedingungen wurden entsprechend verwendet. Die Enzymmenge bezog sich auf die DNA-Konzentration und dessen Aktivität betrug im Restriktionsansatz zwischen 1 und 10U/µl.

3.3.5 Ligation von DNA-Fragmenten (Rapid ligation Kit, Roche Applied Biosystems)

(Sgaramella, Van de Sande et al. 1970)

Während einer Ligation wird die Verknüpfung zueinander passenden DNA-Fragmenten von dem Enzym Ligase katalysiert. Es wurde die aus dem T4-Bakteriophagen stammenden T4-Ligase verwendet. Die ATP-abhängige Ligierung der beiden Fragmente erfolgt über Phosphordiesterbindungen. Für die Reaktion wurden äquimolare Mengen an Vektor und dem zu inserierendem DNA-Fragment bei Raumtemperatur für 5min und 0,5U Enzym in Ligase-Puffer inkubiert. Die Hälfte eines solchen Ligationsansatzes wurde in kompetente Bakterien transformiert.

3.3.6 Klonierung mit dem Topo TA Cloning® Kit (Invitrogen)

Der Reaktionsansatz zur Klonierung in pCR®BluntII-TOPO® wurde gemäß der Angaben des Herstellers zusammengestellt. Dazu wurden 0,5 bis 4µl frisches PCR-Produkt mit 1µl Salzlösung, sterilem Wasser add 5µl und 1µl pCR®2.1-TOPO®-Vektor zusammen gegeben. Einer 5-minutigen Inkubation bei Raumtemperatur folgte eine komplette Transformation des Ansatzes in OneShot®Top10 (Invitrogen).

3.3.7 Konzentrationsbestimmung von Nukleinsäuren

Die Konzentration an Nukleinsäuren wird mittels photometrischer Messungen bestimmt. Das Prinzip eines Photometers beruht auf der Messung der Lichtabsorption durch eine sich im Strahlengang befindende Substanz bei einer konstanten Wellenlänge. Nukleinsäuren besitzen bei 260nm ein Absorptionsmaximum. Nach dem Lambert-Beerschen-Gesetz kann die Extinktion bei $\lambda=260$nm in die DNA-Konzentration umgerechnet werden. Eine optische Dichte von 1 bei 260nm Wellenlänge und eine Küvettendicke von 1cm entspricht einer Konzentration von 50µg/ml doppelsträngiger DNA (bzw. 40µg/ml einzelsträngiger Nukleinsäure oder 33µg/ml Oligonukleotide). Da die Absorption nur in einem definierten Bereich proportional zur Konzentration ist, sollte ein Absorptionswert von 2,0 bei einer Messung nicht überschritten werden. Zusätzlich zur Konzentrationsbestimmung kann die Reinheit einer DNA-Lösung am Photometer bestimmt werden. Hierzu wird der Quotient aus OD 260nm und OD 280nm berechnet. Der Quotient reiner DNA sollte zwischen 1,65 und 1,85 liegen. Höhere Werte lassen auf phenolische Rückstände in der Probe schließen, niedrigere zeigen eine Verunreinigung durch Proteine an.

3.3.8 Mutagenisierung von Vektor-DNA

Das Prinzip der Mutagenisierung von DNA mit Hilfe des QuikChange® XL Site-Directed Mutagenesis Kit von Stratagene beruht genau wie jede PCR auf einer DNA-Polymerisierungsreaktion. Die Methode ermöglicht das gezielte Einbringen von Mutationen in Plasmid-DNA mittels zur Ursprungssequenz geänderten Primern. Die Selektion der mutagenisierten DNA erfolgte durch methylspezifischen Abbau der parentalen DNA aus Dam-positiven Bakterienstämmen durch das Enzyms DpnI. Von diesem Ansatz wurde jeweils ein Teil der DNA in ultrakompetente Bakterien XL-Blue oder XL-Blue Gold (Stratagene) laut Firmenprotokoll transformiert.

3.4 RNA-Techniken

3.4.1 Herstellung RNase-freien Wassers (DEPC-Wasser)

Beim Arbeiten mit RNA sind besondere Vorsichtsmaßnahmen zu treffen, da RNasen ubiquitär vorkommen und zu den (hitze-)stabilsten Proteinen überhaupt zählen. Bei allen Versuchsabläufen muss deshalb unter einem RNase-freien Zustand der Materialien und Reagenzien gearbeitet werden. Diethyl-Pyrocarbonat (DEPC) führt zu einer Denaturierung von Proteinen, indem es Disulfid-Brücken spaltet. Zur Herstellung RNase-freien Wassers wird 1ml DEPC in 1l destillierten Wasser zugefügt und bei 4°C über Nacht unter leichtem Schwenken inkubiert. Anschließend inaktiviert Autoklavieren DEPC, da es für die weitere Bearbeitung der RNA zum Beispiel mit reversen Transkriptasen toxisch wirken würde.

3.4.2 Isolierung von Gesamt-RNA aus Tumorgeweben (TRIZOL™-Methode)

(Chomczynski and Sacchi 1987)

Die schockgefrorenen Tonsillen und Lymphomgewebe wurden zur Gewinnung der Total-RNA zunächst mit Mörser und Pistill homogenisiert und anschließend mit TRIZOL™-Reagenz behandelt. Diese Isolierungsmethode stellt eine Einzelschritt-RNA-Isolierungsmethode dar, die auf der GITC (Guanidium-isothiocyanat)-Methode von Chomczynski und Sacchi beruht. Das TRIZOL™-Reagenz ist eine monophasische Lösung aus Phenol und GITC. Während der Probenhomogenisierung stabilisiert das TRIZOL™-Reagenz die RNA, während Zellen und lösliche Zellbestandteile lysiert werden. Durch die Zugabe von Chloroform, gefolgt von einem Zentrifugationsschritt wird die Homogenisationslösung in eine wässrige und eine organische Phase aufgetrennt. Die RNA bleibt dabei in der wässrigen Phase und wird anschließend mit Isopropanol ausgefällt. Ein zusätzlicher Vorteil dieser Methode besteht darin, dass über separate Isolierungsschritte die DNA und Proteine gewonnen werden können.

3.4.3 Northern-Blot

Herstellung eines harnstoffhaltigen Polyacrylamidgeles

Es wurde zur Herstellung eines denaturienden Gels zum Zwecke der RNA-Elektrophorese das SequaGel™-Kit (national diagnostics) benutzt. Dieses Kit besteht aus drei Komponenten (SequaGel™-Konzentrat, -Verdünner und -Puffer) und wurde entsprechend den Angaben in Tabelle 3.2 zusammengestellt. Nach Zusammenstellung des Ansatzes wurde dieser zwischen 2 Glasplatten (24 x 16,5cm) gegossen, mit einem 16-zähnigem Kamm versehen und einige Zeit auspolymersieren gelassen.

Tabelle 3.2: Ansatz eines 12%-igen Polyacrylamidgels zur RNA-Gelelektrophorese

Einzelkomponente	Volumen
SequaGel™-Konzentrat 24ml	24ml
SequaGel™-Verdünner 21ml	21ml
SequaGel™-Puffer 5ml	5ml
APS (10%)	400µl
TEMED 20µl	20µl

Elektrophorese und Membrantransfer

Die RNA-Gelelektrophorese erfolgte routinemässig in 12%-igen Polyacrylamidgelen. Die RNA-Menge wurde zuvor photometrisch quantifiziert und mit gleichen Teilen mit einem 2x RNA-Bromphenolblau-Ladepuffers (NEB) versetzt. Es wurde darauf geachtet, dass die Vergleichsproben zu je gleichen Teilen aufgetragen wurden. Um eine Konzentrierung der Proben zu erreichen, wurden diese zunächst für 10min mit einer Leistung von 10W gesammelt. Anschließend verlief die Elektrophorese für 2-3h bei 30W, wobei die Bromphenolblau-Lauffront das untere Drittel des Gels erreichen sollte. Um die RNA sichtbar zu machen, wurde das Gel 10min in einer Ethidiumbromidlösung (100ml 1xTBE 10µl Ethidiumbromidstammlösung [10mg/ml]) gefärbt und anschließend unter UV-Licht der Wellenlänge 254nm dokumentiert. Der RNA-Transfer erfolgte auf eine neutrale Nylonmembran (Hybond NX, Amersham) im Semidry-Elektroblot Verfahren in einer Semidry-Blotkammer (Star Lab GmbH, Ahrensburg). Das Blot-Sandwich bestand aus 5 Lagen mit destilliertem Wasser befeuchteten Whatman-Papieren, der Membran, dem PAA-Gel und wiederum 5 Lagen befeuchteten Whatman-Papieren. Der Transfer wurde bei einer Stromstärke von 3 mA/cm^2 Membran für 30min durchgeführt (die Spannung sollte 25V nicht übersteigen). Die Methodik des UV-cross-linkings ist zwar einfach und zeitsparend, dennoch hat sich gezeigt, dass die Sensitivität besonders für kleine RNA-Moleküle verringert wird. Insbesondere Uracile bilden nach Bestrahlung reaktive Gruppen, welche mit den Amino-Gruppen der Membran kovalent verknüpft werden können. Diese Bindungen stehen dann nicht mehr einer Hybridisierung mit der verwendeten Sonde zur Verfügung. Aus diesem Grund wurde auf ein chemisches Cross-link Verfahren zurückgegriffen, um die Empfindlichkeit der Detektion, insbesondere für schwach exprimierte miRNAs, zu erhöhen. Dabei kamen die Chemikalien 1-Ethyl-3-(3-Dimethylaminopropyl) Carbodiimid (EDC) und 1-Methylimidazol zum Einsatz. Dies führt zu einer chemischen Kopplung des 5'-terminalen Monophospats der RNA mit den Amino-Gruppen der Membran, wobei nun das gesamte Molekül zur Bindung der Sonde zur Verfügung steht (Pall and Hamilton 2008). Im Einzelnen wurde wie folgt vorgegangen:

- Herstellung einer 0,16M EDC Lösung in 0,13M 1-Methylimidazol
  - 245µl 12,5M 1-Methylimidazol in 9ml DEPC-behandeltem Wasser (pH=8,0 mit 1M HCl); 0,753g EDC in 24ml DEPC-behandeltem Wasser
- kurz vor dem Cross-linken mischen der beiden Lösungen und 2-3 Whatman-Papiere damit tränken
- Die Membran darauf legen und in Saran-Folie einpacken
- Das chemische Cross-linking erfolgte so bis zu 2h bei 60°C

Herstellung radioaktiv-markierter RNA-Sonden mittels T7-RNA-Polymerase

Hierbei kam das *mir*Vana™ miRNA Labeling Kit (Ambion) gemäß dem Herstellerprotokoll zum Einsatz. Es werden hierbei ko-transkriptionell je nach Sequenz mehrere radioaktive Uracil-Nuleotide eingebaut, weshalb eine höhere spezifische Aktivität erzielt wird, bei gleichzeitig besserer Bindung an die Zielstrukturen. Die DNA-Oligonukleotide wurden dementsprechend synthetisiert, so dass sie einen Überhang mit T7-Promotor-Primer hybridisieren können. Die Hybridisierung erfolgte gemäß Protokoll. Anschließend wurde der Gegenstrang mit Exo-Klenow-DNA Polymerase und dNTPs aufgefüllt (s.u.).

Methoden

Einzelkomponente	Volumen
10x Klenow Reaktionspuffer	2µl
10x dNTP-Mix	2µl
Nuklease freies H_2O	4µl
Exo-Klenow	2µl

Das entstandene Doppelstrang DNA-Template konnte nun für die Transkriptionsreaktion eingesetzt oder bei -20°C weggefroren werden. Die Transkription erfolgte mit ^{32}P-markiertem UTP nach folgendem Ansatz:

Einzelkomponente	Volumen
Nuklease freies H_2O	7µl
dsDNA-Template	1µl
10x Transkriptionspuffer	2µl
10mM ATP	1µl
10mM CTP	1µl
10mM GTP	1µl
[α-^{32}P]UTP (3000 Ci/mmol)	5µl
T7 RNA-Polymerase	2µl

Es folgte ein Inkubationsschritt für 30min bei 37°C und anschließend wurde ein DNAse I-Verdau für 15min bei 37°C durchgeführt.

Hybridisierung der Membran

Die mit der RNA quervernetze Membran wurde in Hybridisierungsflaschen mit 30ml Hybridisierungspuffer gegeben und unter Rotieren im Hybridisierungsofen bei 50°C für 1h prähybridisiert. Danach erfolgte die Zugabe und Hybridisierung der radioaktiv markierten Sonde (über Nacht bei 50°C unter Rotation im Hybridisierungsofen).

Waschen und Exposition

Am darauffolgenden Tag wurde die Hybridisierungslösung entsorgt und die Membran

Methoden

2x für je 15min mit 30ml der Waschlösung I und anschließend 2x für je 15min mit 30ml der Waschlösung II gewaschen. Alle Waschschritte erfolgten bei 50°C unter Rotation im Hybridisierungsofen. Abschließend wurde die Membran über Nacht dem Phosphor-Imager-Screen exponiert und im Typhoon-Imager analysiert.

3.5 Protein-Techniken

3.5.1 Herstellung von Proteinextrakten aus eukaryotischen Zellen

Die Herstellung von Proteinextrakten wurde im Rahmen der Untersuchung des vorhergesagten inhibitorischen Einflusses von miRNAs auf die Proteinexpression angewandt. Da die Transfektion von miRNA-blockierenden „anti-sense"-Oligonukleotiden ebenso wie das geringe Expressionsniveau der hier untersuchten Proteine limitierende Faktoren darstellten, konnte nur eine maximale Zahl von 1×10^6 Zellen der Behandlung unterzogen werden. Dies spiegelt sich dementsprechend auch in der Menge der gewonnen Proteinextrakte wider. Deshalb konnte keine photometrische Bestimmung der Proteinkonzentration durchgeführt werden. Stattdessen wurde die Zellzahl bestimmt (Casy®-Counter) und eine entsprechende Menge an 3x SDS Blue Loading Buffer (200µl/1×10^6 Zellen, NEB) zugegeben und aufgekocht. Dieser Extrakt wurde direkt im gleichen Verhältnis auf die SDS-Gele geladen.

3.5.2 SDS-Polyacrylamidgelelektrophorese (SDS-PAGE)

(Laemmli 1970; Sambrook 1989)

Die Beweglichkeit eines Proteins im Acrylamidgel ist abhängig von seiner Gesamtladung, sowie seiner Größe. Proteine können sich daher trotz unterschiedlicher Molekülgröße mit derselben Geschwindigkeit im elektrischen Feld bewegen, wenn ihre Größenunterschiede durch die Ladungen wieder ausgeglichen werden. Das zugesetzte negativ geladene SDS lagert sich durch Bindung an die hydrophoben Regionen in konstantem Gewichtsverhältnis an die Proteine an. Dadurch kompensiert es die positiven Ladungen, so dass alle Proteine nur zur Anode wandern können. Gleichzeitig werden alle Proteine vollständig denaturiert und wandern daher in einem Gel geeigneter Porosität entsprechend ihrer Molmasse. Durch Erhitzen mit SDS und β-Mercaptoethanol, welches die Disulfidbrücken reduziert, werden die Proteine in ihre Untereinheiten aufgespalten. Die Gelmatrix besteht aus Ketten von polymerisiertem Acrylamid, die durch N,N'-Methylenbisacrylamid quervernetzt werden. Die Polymerisierungsreaktion wird mit Ammoniumpersulfat (APS) in Gang gesetzt und durch TEMED (N,N,N',N'-Tetramethylendiamin) katalysiert. Die Auftrennungseigenschaften sowie die Porengröße des jeweiligen Gels hängen von den eingesetzten Acrylamid (AA)- und Bisacrylamidkonzentrationen (BisAA) ab. Um eine hohe Auflösung bei der Trennung zu erreichen, wurde eine diskontinuierliche Gelelektrophorese durchgeführt. Dabei wird das zu analysierende Proteingemisch in einem Gel aufgetrennt, das aus zwei Gelsystemen mit unterschiedlicher Porosität und unterschiedlichem pH-Wert des Puffers besteht. Die Proteine wandern von einem grobporigen Sammelgel, in dem sie konzentriert werden, in ein feinporiges Trenngel, in dem die Auftrennung erfolgt.

3.5.3 Herstellung eines SDS-Polyacrylamidgels

Zur Analyse der exprimierten Proteine wurden 12%-ige Trenngele eingesetzt. Zwischen zwei mit Ethanol (70%) gereinigten Glasplatten (14,5 x 16,5cm^2) mit zwei integrierten Spacern, eingespannt in einem Gießrahmen, an dessen Boden sich eine Schaumstoffdichtung befindet, wurde das zuvor angesetzte Trenngel der entsprechenden Konzentration eingegossen und mit Isopropanol überschichtet. Dieses wurde nach abgeschlossener Polymerisation abgeschüttet und das Sammelgel darauf gegossen. Durch Einsetzen eines Teflonkammes wurden im Sammelgel Taschen ausgespart.

3.5.4 Elektrophorese

Nach der Polymerisation des Sammelgels wurde der Kamm herausgezogen und das Gel senkrecht in die Elektrophoresekammer eingespannt, die obere und untere Kammer mit SDS-Laufpuffer geflutet. Die Proteinproben wurden schließlich mit einer Pipette in die Geltaschen pipettiert. Die elektrophoretische Auftrennung erfolgte bei 200V für ca. 1h.

3.5.5 Immunblot (Western-Blot)

(Towbin, Staehelin et al. 1979; Burnette 1981)

Bei dieser Methode werden zunächst in einer SDS-PAGE elektrophoretisch aufgetrennte Proteine aus dem Polyacrylamidgel auf eine Membran mittels Trans-Blot® SD Semi-Dry Transfer-Cell (BioRad) übertragen. Dabei bleibt das bei der Auftrennung erzielte Proteinmuster erhalten; es entsteht eine Kopie des Gels, wobei die Proteine auf der Membran immobilisiert werden: Sie binden bei niedriger Ionenstärke über hydrophobe Wechselwirkung an die Membran. Da sowohl die Immunreaktivität als auch die funktionelle Aktivität der Proteine weitgehend erhalten bleiben, können diese durch den Einsatz spezifischer Antikörper immunologisch identifiziert werden.

Proteintransfer

Die für den Proteintransfer eingesetzte Nitrocellulose-Membran wurde vor dem Zusammenbau in Transferpuffer benetzt. Die eigentliche Proteinübertragung erfolgte mittels des Semi-Dry-Verfahrens. Der Aufbau des Immunblot-Sandwiches bei diesem Verfahren besteht aus 1-2 Lagen in Transferpuffer getränkten Whatman-Papieren als unterste Schicht, der Membran, dem Polyacrylamidgel, sowie als Abschluss erneut 1-2 Lagen in Transferpuffer getränkte Whatman-Papiere, so dass die Proteine in Richtung Anode auf die Membran übertragen werden. Der Transfer erfolgte bei 400mA für 30-50min. Der Bloterfolg wurde durch Färbung mit Ponceau-Rot, einem Farbstoff, der unspezifisch alle Proteine anfärbt, überprüft. Nach Entfärben mit $H_2O_{dest.}$ sollten die entstanden Proteinbanden deutlich zu erkennen sein, gleichzeitig ist der vorgefärbte Proteinlängenstandard zu erkennen. Anschließend wurde die Membran in 5% (w/v) PBS-Magermilchpulver für 30min bei RT zum Blocken inkubiert, um unspezifische Bindungsstellen auf der Membran abzusättigen. Nach dem Blocken wurde die Membran einer immunologischen Färbung unterzogen.

3.5.6 Immunologischer Nachweis von Proteinen

Der Proteinnachweis erfolgte nun über einen Erstantikörper, der in 10ml einer entsprechenden Verdünnung (1% w/v PBS-Magermilchpulver) zugegeben wurde und bei 4°C über Nacht oder 1-2h bei Raumtemperatur unter leichtem Schwenken für 1-2h inkubiert wurde. Nach mehrmaligem Waschen mit PBS, welches überschüssigen, ungebundenen Erstantikörper entfernen soll, erfolgte die Behandlung mit dem Zweitantikörper (1% w/v PBS-Magermilchpulver), an den Meerettich-Peroxidase kovalent gekoppelt ist. Die Inkubation dauerte 1-1,5h bei Raumtemperatur unter Schwenken. Nicht gebundene Immunglobuline wurden durch Waschen mit PBS-Puffer entfernt.

3.5.7 Nachweisreaktion mit ECL+ (Enhanced chemiluminescense)

ECL+ stellt eine verbesserte, nicht radioaktive Nachweismethode Peroxidase-gekoppelter Antikörper dar, die sehr sensitiv ist. Die Methode beruht auf der durch die Peroxidase katalysierten Reduktion von Wasserstoffperoxid und der gleichzeitig stattfindenden Oxidation von Luminol (Substanzen enthalten im ECL+-Kit, GE-Healthcare). Bei der Oxidation des Luminols wird Licht der Wellenlänge 428nm emittiert, das einen lichtempfindlichen Röntgenfilm schwärzt. Die Blots wurden hierfür in eine Wanne gelegt und mit kurz zuvor gemischten ECL+- Lösungen A, B 1:2 für eine Minute inkubiert. Danach wurden die Blots in eine Filmkassette gelegt und ein Röntgenfilm jeweils für einige Minuten exponiert und anschließend entwickelt.

3.6 Durchflusszytometrie (FACS-Analyse)

Das Prinzip der Durchflusszytometrie (analog: FACS = Fluorescence-Activated Cell Sorting) ist definiert durch die Messung von Emissionssignalen (Fluoreszenz) von Zellen während der Passage eines Laserstrahls (hier: BD-FACScan™ Argonlaser; $\lambda=488nm$) innerhalb einer Kapillare. Diese Technik ermöglicht die gleichzeitige Erfassung mehrerer physikalischer Parameter auf Basis von Streulichtdetektoren, welche Rückschlüsse über die Zellmorphologie erlauben. Die Menge des gestreuten Lichts korreliert mit der Größe der Zelle und mit ihrer Komplexität. Das Vorfährtsstreulicht (FSC = foward scatter) ist ein Maß für die Beugung des Lichts im flachen Winkel und korreliert mit der Größe der Zelle. Das Seitwärtsstreulicht (SSC = sideward scatter) ist ein Indikator für die Brechung des Lichts im 90°-Winkel und hängt massgeblich von der Granularität der Zelle ab. Alle diese Messwerte werden für jede Einzelzelle erfasst und gespeichert.

Diese Methodik wurde angewandt, um die Transfektionseffizienz von kleinen Fluoreszenz-markierten Oligonukleotiden in eukaryotischen Zellen zu bestimmen und zu optimieren. FAM-gelabelte Moleküle ($\lambda_{max}=520nm$) konnten im Fluoreszenz-Kanal 1 detektiert werden, Cy3-gekoppelte Oligonukleotide ($\lambda_{max}=570nm$) dagegen im Fluoreszenz-Kanal 2. Die Datenerfassung, Auswertung und Darstellung erfolgte mittels der bereits erwähnten Software-Programme (s. 2.13).

3.7 Bioinformatische Analysen

3.7.1 "miRNA-target"-Vorhersage

Zur Vorhersage potentieller Zielgene von missregulierten miRNAs kamen die in Kapitel 2.13 aufgeführten Internet-gestützten Algorithmen zum Einsatz. Da jeder Algorithmus etwas andere Kriterien zur Vorhersage wie evolutionäre Konservierung, Sequenzhomologie, Bindungsenthalpie oder modellierte Sekundärstrukturen berücksichtigt, werden dementsprechend variierende Ergebnisse ausgestossen. Um eine möglichst hohe Trefferwahrscheinlichkeit zu erzielen, wurden stringenteste Bedingungen gewählt und nur solche Vorhersagen als relevant erachtet, welche von möglichst vielen Algorithmen unhängig prognostiziert wurden. Des Weiteren wurden diese Ergebnisse weiter eingegrenzt, dadurch dass durch eine Literaturrecherche bereits bekannte Zusammenhänge zwischen EBV und Lymphomgenese berücksichtigt wurden. Die somit ermittelten potentiellen Zielgene dieses Ansatzes sind in Abbildung 4.17 dargelegt.

3.7.2 Annotierung und Generierung der sRNA-cDNA Banksequenzen

Die operativ entfernten Gewebe und Lymphome waren schockgefroren und standen für die Extraktion der RNA zur Verfügung (s. Tabelle 2). Es wurden je vier verschiedene Patientengewebe gepoolt (reaktive Tonsillen als Kontrollgewebe, indolente BCL, DLBCL EBV-positiv und -negativ). Die Firma Vertis (Martinsried) übernahm die Genierung der cDNA-Banken, indem die Gesamt-RNA in einem 12,5%-igen PAA-Gel aufgetrennt und SYBR green II gefärbt wurde. Die Fraktion von 15-40nt wurde ausgeschnitten, re-eluiert und mit Adaptern versehen (s. Abb. 9), revers transkribiert und PCR-amplifiziert.

Die beim „deep-sequencing" erhaltenen „reads" wurden im rich-text format (RTF) ausgegeben und mussten zunächst in ein Excel-Format konvertiert werden. Der hier beschriebene Algorithmus ist eine Entwicklung von Jiayun Zhu (Max-Planck-Institut für Biochemie, Martinsried) und wurde analog für die Sequenzannotierung angewendet. Dabei handelt es sich um ein semi-manuelles Verfahren unter Zuhilfenahme von Excel-Zusatzprogrammen, sogenannten „Makros". Dieses Verfahren hat den Vorteil einerseits, dass die Klonierungshäufigkeit Auskunft über differentielle Expression gibt und andererseits neue, bislang unentdeckt gebliebene miRNAs identifiziert werden können. In Abbildung 3.1 ist ein Schaubild über die Struktur der erhaltenen Sequenzen wiedergegeben.

cDNA-Fragment

Abbildung 3.1: Schematische Darstellung der mittels 454-Sequenzierungsmethode erhaltenen Sequenzen. Die Sequenzlänge lag typischerweise um die 60nts. Die 5'- bzw. 3'-Adapteranteile wurden an die revers transkribierte sRNA ligiert und dienten einer PCR-vermittelten Amplifikation. NNN stellt eine sogenannte „Barcode"-Sequenz dar und diente der Identifizierung der entsprechenden cDNA-Bank beim massiven parallelen Sequenzieransatz. Zusätzlich beinhalten die Produkte poly-A-Schwänze.

Schritt 1 umfasste die Herstellung einer human und viralen miRNA-Datenbank durch Herunterladen der aktuellen Version von miRBase (s. Kap. 2.13) im Excel-Format, mit der die Sequenzen abgeglichen werden könnten. Analog dazu wurde mit Hilfe der bereits beschriebenen ncRNA-Datenbanken für die weitere Annotierung der Banken eine Excel-kompatible Variante derselben erstellt. Die erhaltenen Sequenzen der cDNA-Banken mussten zunächst in Excel-Format überführt werden, bevor die flankierenden Adapter- und poly-A tags eliminiert wurden („trimming"). Nach Vereinfachung durch Zusammenführung gleicher „reads" (gleiche Sequenzen wurden aufsummiert) wurde halb-automatisiert ein Vergleich mit den bekannten miRNA-Datenbanken durchgeführt. Hinreichende Übereineinstimmung wurde erzielt, wenn der mittlere Sequenzanteil nach Abzug der je zwei terminalen Nukleotiden komplette Komplementarität erreichte (read Länge >6, die miRNA Länge aus Datenbank darf >3 sein). Dabei zeigte sich, dass eine relativ geringe Zahl von miRNAs erkannt wurde. Dies liegt darin begründet, dass aufgrund der durch die Methode bedingten falschen „A"-Insertionen die Sequenzannotierung gestört wird. Um dieses Hindernis zu umgehen, wurden zuerst alle Sequenzen ohne „A" mit der Datenbank ebenfalls ohne „A" verglichen und weiter vereinfacht. Wegen dieser Redundanz kommt es zu falsch positiven Zuordnungen, und deshalb mussten alle erkannten miRNA-Sequenzen in den ursprünglichen Listen rückgeprüft und wiederum final aufsummiert werden. Alle falsch positive Sequenzen wurden eliminiert. Die Expressionsstärke singulärer miRNAs wurde an der Gesamtzahl aller identifizierten miRNAs normalisiert (in %). Die relative Expressionsänderung von Tumorgeweben abgeleitete cDNA-Banken wurde auf die „Normalgewebs"-Bank (reaktive Tonsillen) relativiert.

4 Ergebnisse

Zu Beginn dieser Arbeit war die Rolle von miRNAs und deren Expressionsmuster bei der Beteiligung der für das EBV günstigen wachstumsfördernden Zellveränderungen in B-Zell-Lymphomen weitgehend unklar. Folgende Arbeitshypothese wurde einer eingehenden Untersuchung unterzogen: Manipuliert das EBV die zelleigene miRNA-Maschinerie für seinen Vorteil und kann dies eine Bedeutung für die Tumorpathologie haben?

Zusätzlich wurden in dieser Studie indolente (=niedrig-maligne) follikuläre Lymphome (FL), welche ausnahmslos EBV-negativ sind, integriert. Dies sollte weitergehende Einblicke in die differentiellen Krankheitsverläufe von aggressiven im Vergleich zu niedrig-malignen B-Zell-Lymphomen hinsichtlich der Beteiligung ihrer miRNA-Signaturen erbringen.

Um diese Sachverhalte aufzudecken wurden aus den Primärtumoren und -Geweben von kleinen RNAs abgeleitete cDNA-Banken generiert und mittels „deep-sequencing"-Verfahren untersucht. Es wurden die miRNA-Profile von indolenten Lymphomen, DLBCLs (EBV+/-) generiert und fehlregulierte miRNA-Kandidaten bestimmt. Anschließend wurden die EBV-abhängig regulierten miRNAs mit einer unabhängigen Methode validiert. Nach einer *in silico* Target-Vorhersage wurden potentielle Zielstrukturen verfiziert und die Funktion der miRNAs im Zusammenhang mit Zellproliferation charakterisiert.

4.1 Qualitätskontrolle der isolierten RNA und der cDNA-Banken

Es wurden cDNA-Banken aus Tonsillen, indolenten Lymphomen, DLBCLs (EBV-positiv und -negativ) von Patienten generiert (s. Kap. 3.7.2). Als Qualitätskontrolle wurden entsprechende PAA-Gele der RNA und cDNA nach Amplifikation dokumentiert (s. Abb. 4.1).

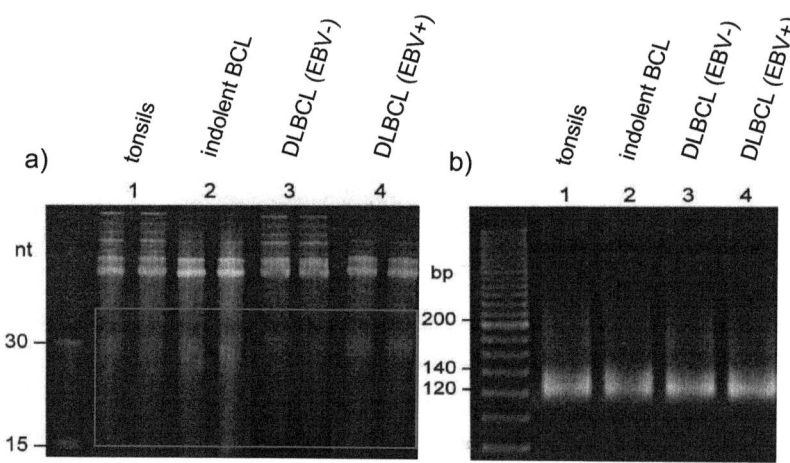

Abbildung 4.1: Qualitätskontrolle der gewonnenen RNA aus Primärgeweben und der cDNA-Synthese. a) Die Total-RNA aus den indizierten Gewebsentitäten wurde auf einem 12,5%-igen PAA-Gel separiert, die Fraktion von 15-40nt (roter Kasten) re-eluiert und für die cDNA-Synthese eingesetzt (exemplarisch für je zwei individuelle Gewebe), b) Agarosegel-Analyse der abgeleiteten cDNA der vier verwendeten Banken.

Durch diese Analyse konnte sichergestellt werden, dass die gewonnene RNA durch die Lagerbedingungen und Gefrierbehandlung nicht beeinträchtigt wurde. Es ergaben sich distinkte Banden von nicht-kodierenden RNAs und vernachlässigbare Degradationsprodukte (s. Abb. 4.1a). Die anschließende Überprüfung der resultierenden cDNA (s. Abb. 4.1b) erbrachte die erwartete Fragmentlänge nach polyA-Reaktion und Adapterligation von ca. 120bp. Die cDNA-Banken waren somit geeignet zur Analyse mit „deep-sequencing".

4.2 Sequenzannotierung der generierten cDNA-Bibliotheken

4.2.1 Allgemeine Sequenzannotierung und Klassifikation nicht-kodierender RNAs

Die zuvor generierte cDNA-Bibliothek wurde mittels der „deep-sequencing"-Methode untersucht. Um einen weiteren Anhaltspunkt über die Qualität der cDNA-Bank zu erhalten, wurde die Verteilung aller bekannten, nicht-kodierenden RNA-Spezies über einen neu entwickelten Analysealgorithmus (s. Kap. 3.7.1) ermittelt. Für die jeweiligen cDNA-Banken ergaben sich unterschiedliche Anzahlen an „reads" (=gelesene Sequenzen) und erreichte Zahlen zwischen ~7,2 x 10^5 bis 9,7 x 10^5.

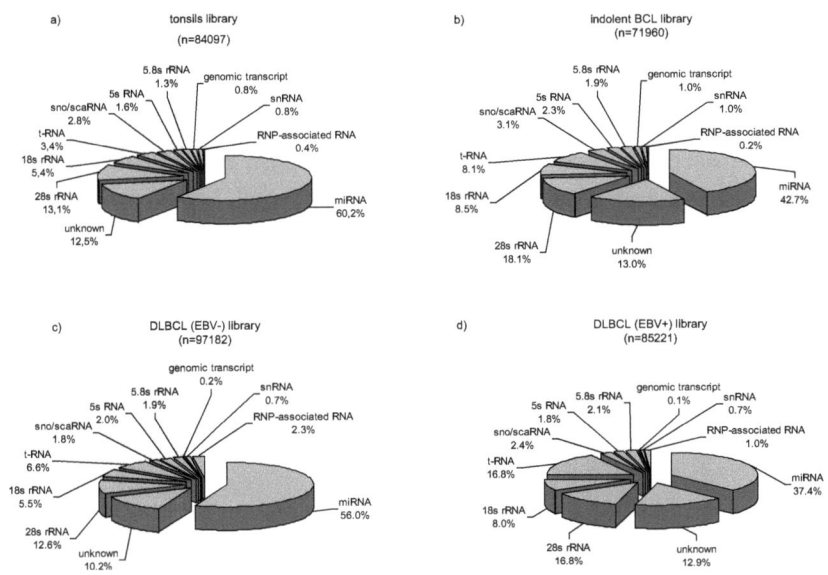

Abbildung 4.2: Klassifikation und Abundanz diverser nicht-kodierender RNAs bzw. Transkripte in den hergestellten cDNA-Banken verschiedener Gewebe. a) Tonsillen-Bank, b) indolente Lymphombank, c) diffus-großzellige Lymphombank (EBV-negativ), d) diffus-großzellige Lymphombank (EBV-positiv). Der Umfang N der in den Banken enthaltenen Sequenzen ist angegeben.

Die Proportion der als miRNAs identifizierten Sequenzen lag zwischen 37,4% (DLBCL, EBV+) und 60,2% (Tonsillen) und damit in einem Bereich, für den differentielle Expressionsmuster abgeleitet werden können. Das Vorkommen der meisten RNA-Klassen erwies sich in dieser Analyse als relativ konstant (relative Schwankung), z. B. 28s indolent: DLBCL (EBV- =50%). Lediglich die Gruppe der tRNA erbrachte einen deutlichen Anstieg von durchschnittlich 6% auf etwa 16% (Zuwachs von 260%) in EBV-positiven DLBCLs. Der Anteil nicht identifizierbarer Sequenzen lag zwischen 10-13%. Diese enthalten Sequenzartefakte, möglicherweise neue ncRNAs, repetitive Sequenzen und nicht näher untersuchte mRNA Fragmente.

4.2.2 Häufigkeitsverteilung und Abundanz exprimierter miRNA-Gene

Die Verteilung der Häufigkeit individueller miRNA-Spezies ist in Abbildung 4.3 dargestellt. Die Mehrheit (>50%) der zellulären miRNA-Spezies war in sehr geringem Maß (1-10 reads) präsent, während nur 11-19% stark exprimiert war (100-1000 „reads"). Zu beachten ist, dass miR-16 für 19,6% aller „reads" in EBV-negativen und für 14,7% aller „reads" in EBV-positiven DLBCLs zählte. Die Tonsillen-Gewebe exprimierten eine höhere Anzahl unterschiedlicher miRNAs (Σ=297), während die indolenten Lymphome 247 miR-Gene gegenüber 253 in diffus-großzelligen (EBV-) und 277 in EBV-positiven miRNAs enthielten. Der Zuwachs an transkribierten miRNAs in den EBV-positiven Lymphomen in den ersten beiden Intervallen erklärt sich durch die Zuordnung von 30 EBV-kodierten miRNAs. Diese Analyse zeigte einen dynamischen Messbereich der hier angewandten Technik, der in Lage war miRNA-Sequenzen über fünf Log_{10}-Größenordnungen zu detektieren (s. Tabelle Anhang).

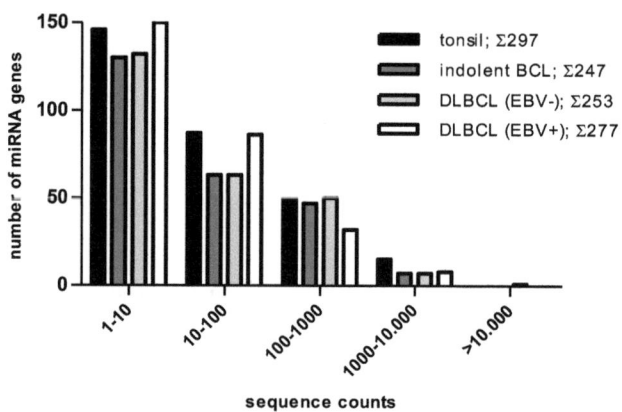

Abbildung 4.3: Verteilung exprimierter miRNA-Gene nach ihrer Sequenzhäufigkeit in den untersuchten cDNA-Banken. Gezeigt wird die Zahl von miRNAs als Funktion ihres Expressionsniveaus, sowie die Summe aller identifizierten miRNAs (s. Diagramm-Legende).

4.2.3 Keine Identifikation potentiell neuer miRNA-Kandidaten durch mirDeep

Das Sequenzierverfahren bietet als einen Vorteil, im Vergleich zu anderen Methoden, anhand der Klonierungshäufigkeit die miRNA-Profile herleiten zu können. Weiterhin können miRNAs *de novo* identifiziert werden. Viele bioinformatische Programme zur Prädiktion berücksichtigen die evolutionäre Konservierung, was bei Herpes-Viren ein Problem aufgrund der evolutionären Distanz sowie fehlender Orthologe darstellt (Grundhoff, Sullivan et al. 2006). Darüber hinaus ist es denkbar, dass diese kleinen RNAs ein vom Zellkultursystem abweichendes Expressionsverhalten aufweisen und daher nur in Primärgeweben vorkommen können.

Nach kompletter Annotierung aller Sequenzen blieb eine Anzahl von unbekannten Sequenzen übrig (s. Abb. 4.2), welche potentiell neue miRNA-Spezies enthalten konnten. Zur Identifikation dieser wurde ein neuer Analysealgorithmus „mirDeep" (Friedlander, Chen et al. 2008) eingesetzt. „MirDeep" basiert auf einem Modell der miRNA-Biogenese. Alle solchen Transkripte folgen einem gegebenen enzymatischen Reifungsmuster (s. Abb. 1.4). Das Programm setzt voraus, dass alle Zwischenprodukte auf dem Weg zur reifen miRNA (Vorläufermoleküle, „loops", etc.) mit einer gewissen Wahrscheinlichkeit kloniert werden. Diese werden dann wieder rekonstruiert und mit dem Genom abgeglichen. Bei einer Übereinstimmung der miR-Sequenz mit der genomischen werden die flankierenden Bereiche hinzugezogen und eine Sekundärstruktur-Vorhersage getroffen. Darüber hinaus verwirft es alle „hairpins", welche nicht dem Mikroprozessor-Pathway (Dicer-Substrat) entsprechen und bestimmt die Wahrscheinlichkeit für die Korrektheit der Haarnadelstrukturen.

Für unsere Zwecke wurde dieses Programm so modifiziert, dass es neben dem kompletten humanen Genom auch das des Epstein-Barr-Virus enthielt. Mit diesem Verfahren konnten aus allen vier cDNA-Banken neun unterschiedliche Kandidaten bestimmt werden. Nach einer Überprüfung der Sanger-Datenbank erwiesen sich acht als bereits bekannte miRNAs. Die letzte Kandidaten-Sequenz zeigte Ähnlichkeiten zu einer putativen hsa-miR-1-2* (miR-1-2*-like: aus DLBCLs [EBV+]; Sequenz: ACATACTTCTTTATATGCCCAT; Reads: 4); konnte allerdings im Northern-Blot nicht in den Zelllinien BL41, BL-41/B95.8, U2932 und BJAB endogen nachgewiesen werden.

Zusammen genommen kann festgehalten werden, dass mit dem hier verwendeten Ansatz keine neuen miRNAs in den cDNA-Banken identifiziert werden konnten. Darüber hinaus wurden keine Hinweise auf miRNA-ähnliche Sequenzen ermittelt, die diesem Herpesvirus entstammen.

4.2.4 Identifikation einer mutierten miRNA (miR-142-3p-mut IsomiR)

Bei der Annotierung der miRNAs aus der EBV-positiven Lymphombank fiel eine wiederholte Sequenzvariation der miRNA-142-3p auf (s. Abb. 4.4). Die Häufigkeit der Sequenzabnormalität betrug ca. 12,5%. Da bei der Herstellung dieser Bank vier Patientengewebe und daher folglich acht verschiedene Allele kombiniert worden waren, lag die Vermutung nahe, dass es sich bei dieser Variante um eine somatische Mutation eines Allels handelte. Um diese Hypothese zu untermauern, wurde von allen eingesetzten Patientengeweben die genomische DNA isoliert und der Bereich von Interesse mittels PCR-amplifiziert. Nach Subklonierung dieser Fragmente in den Topo-Vektor und Sequenzanalyse konnte diese somatische Punktmutation in einer Probe entdeckt werden. Dabei handelt es sich um eine T/C-Transversion in der 5'-terminalen „seed"-Sequenz, welche kritisch für die mRNA-Target Bindung ist.

Aufgrund dieser Tatsache ist anzunehmen, dass diese veränderte miRNA ein abweichendes Spektrum an Ziel-mRNAs aufweist. Die Überprüfung der möglichen Zielgene beider Sequenzentitäten mit TargetScan ergab eine Übereinstimmung von 111 (=~50%) Vorhersagen (s. Abb. 4.4), aber auch ein Spektrum an jeweils unterschiedlichen mRNA-Populationen. Dies legt die Vermutung nahe, dass für die übrigen 50% der Zielgene Ursachen für funktionelle Unterschiede darstellen könnten.

a)
```
Genomic sequence:   ...GAGGGTGTAGTGTTTCCTACTTTATGGATGAGTGTACTG...
hsa-miR-142-3p:        TGTAGTGTTTCCTACTTTATGGATGA
hsa-miR-142-3p-mut:    TGTAGTGTTTCCTACTTTATGGA
                       *******.*****************...

                    read number of IsomiR:
                    53/360 = 12.8%
```

b)
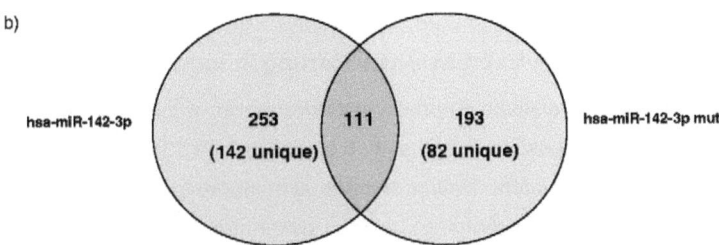

Abbildung 4.4: Identifikation einer mutierten miRNA (miR-142-3p-mut IsomiR) in der DLBCL (EBV+) cDNA-Bank. a) Sequenzvergleich der genomischen hsa-miR-142-Region (Ausschnitt, unterstrichen: mature miRNA) mit der maturen hsa-miR-142-3p und seinem mutierten Gegenstück. Die „seed"-Sequenzen sind unterstrichen und die Mutation rot hervorgehoben. Die Klonierungsfrequenz von hsa-miR-142-3p IsomiR ist angegeben. b) Venn-Diagramm aller TargetScan-Vorhersagen für miR-142-3p und miR-142-3p-mut.

4.2.5 Bestimmung zellulärer miRNA-Muster in humanen B-Zell-Lymphomen

Zur Ableitung der miRNA-Muster in diversen B-Zell-Lymphomen wurden die zuvor ermittelten Sequenzdaten herangezogen. Aufgrund der gewählten Gewebsentitäten ergaben sich mehrere direkte Vergleichsmöglichkeiten. Es können jeweils die Tumor- mit den Kontrollgeweben in Bezug zueinander gesetzt werden. Weiterhin ist es möglich, die aggressiven DLBCL auf den Einfluss des Epstein-Barr-Virus zu untersuchen, und darüber hinaus gibt es die Option, die indolenten Lymphome mit den EBV-negativen DLBCLs abzugleichen. Die Berechnung der relativen miRNA-Expressionsstärke anhand der Klonierungsfrequenz erfolgte dabei folgendermaßen:

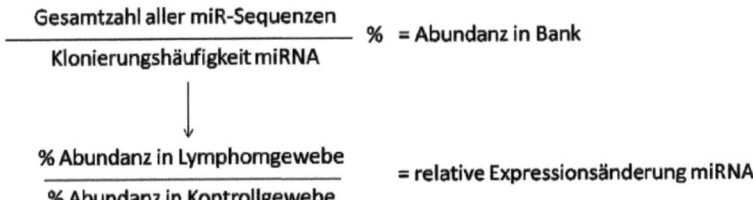

Um eine Eingrenzung der relevanten fehlregulierten miRNAs vorzunehmen, wurde ein Grenzwert der Abundanz von mehr als 50 reads (~0,05%) in einer der untersuchten Banken und eine relative Expressionsänderung von größer ±2 definiert (Einschlusskriterium). Die Darstellung der Ergebnisse erfolgte als „bubble-Plot"-Diagramm, wobei die einzelnen miRNAs nach absteigender Expressionsänderung geordnet wurden und die Blasengröße der Abundanz in der jeweiligen Referenzbank entspricht.

4.2.6 Relative miRNA-Expressionsänderung in indolenten Lymphomen

Bei der Analyse der relativen Expressionsänderung in indolenten Lymphomen im Vergleich zum Kontrollgewebe ergab sich, dass insgesamt 23 verschiedene miRNAs differentiell exprimiert waren. Davon wurden acht überexprimiert und 15 miRNAs herunterreguliert (s. Tabelle Anhang), was im bekannten Kontext zur Tumorbiologie diskutiert wird (s. Diskussion). Insgesamt war neben der größeren Zahl der unterrepräsentierten miR-Gene auch die Stärke ihrer Expressionsänderung dramatischer (bis zu -77-fach für miR-200b, im Verhältnis +4-fach für miR-30b). Fünf der unterexprimierten miRNAs (miR-1, miR-133a, miR-141, miR-205 und miR-1308) fanden sich nur in Tonsillengewebe, nicht jedoch im Tumor.

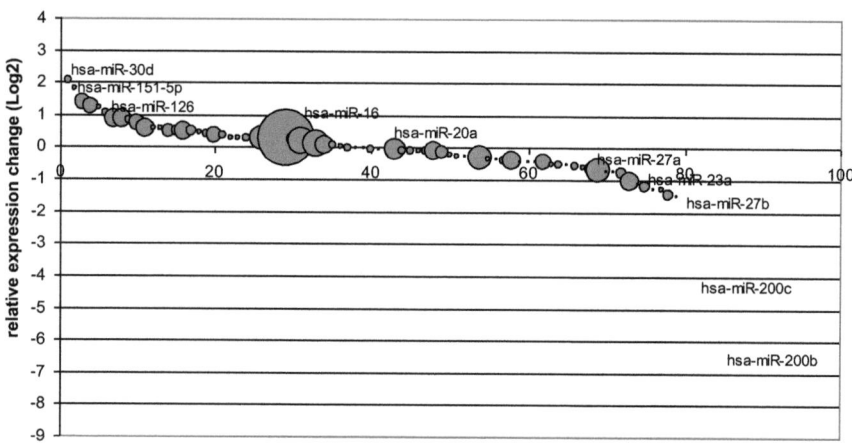

Abbildung 4.5: Relative miRNA-Expressionsänderung in indolenten B-Zell-Lymphomen bezogen auf Tonsillen-Kontrollgewebe. Jede Blase entspricht einer miRNA und die Blasengröße der Abundanz in der Referenz-cDNA Bank. Es sind nur ausgewählte miRNAs angezeigt, geordnet nach absteigender relativer Expressionsstärke >0,1% in einer der beiden verglichenen Banken. Die Expressionsänderung ist in Log_2-Skalierung angegeben.

Die Amplitude aller miRNA-Expressionsänderungen war moderater als bei hochgradig malignen Lymphomen und ähnelte mehr dem Normalzustand (s. Abb. 4.5 und 4.6).

4.2.7 Relative miRNA-Expressionsänderung in EBV-negativen DLBCLs

Die Untersuchung der nicht viral-assoziierten aggressiven Lymphome zeigte Unterschiede zum indolenten Status. Die miRNA-Expression war geprägt von stärkeren relativen Expressionänderungen (s. Tabelle Anhang) und es verdeutlichten sich weit mehr fehlregulierte miRNAs. Es wurden 12 verschiedene hochregulierte und 46 erniedrigte miR-Spezies identifiziert (s. Abb. 4.6; Tabelle Anhang). Die am stärksten induzierte war die als onkogen bekannte miR-155 (Costinean, Zanesi et al. 2006) mit 11-fach erhöhter Menge. Die ko-exprimierten Mitglieder des tumorigenen miR-17-92-Clusters und des Orthologs miR-106-363 (Mendell 2008) sind auch verstärkt vertreten. Im Einklang mit anderen Studien (Akao, Nakagawa et al. 2007) lag z. B. die Tumorsupressor-miRNA-145 reduziert vor. Auch hier wurden sechs im Tonsillengewebe vorhandene miRNA-Vertreter nicht gefunden (miR-1, miR-133a, miR-126*, miR-203, miR-205 und miR-1308). MiR-200b war im indolenten Lymphom am stärksten reprimiert und lag hier im aggressiven DLBCL auch am stärksten um 275-fach unterexprimiert vor.

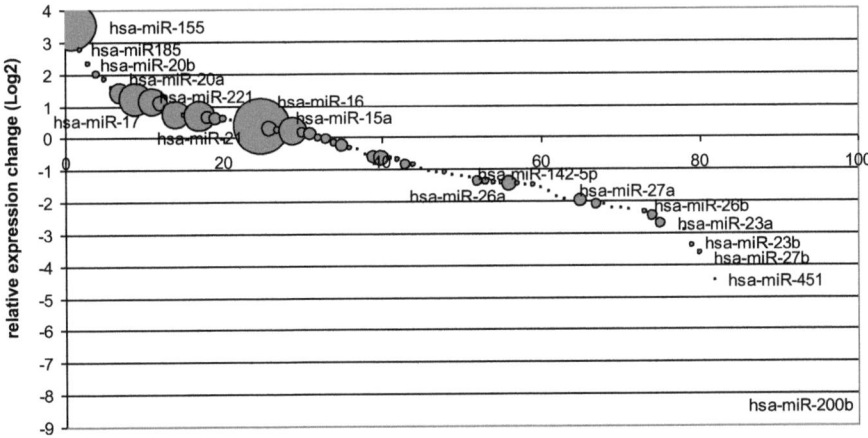

Abbildung 4.6: Relative miRNA-Expressionsänderung in EBV-negativen DLBCLs bezogen auf Tonsillen-Kontrollgewebe. Jede Blase entspricht einer miRNA und die Blasengröße der Abundanz in der Referenz-cDNA Bank. Es sind nur ausgewählte miRNAs angezeigt, geordnet nach absteigender relativer Expressionsstärke >0,1% in einer der beiden verglichenen Banken. Die Expressionsänderung ist in Log_2-Skalierung verdeutlicht.

4.2.8 Relative miRNA-Expressionsänderung in EBV-positiven DLBCLs

Ähnlich wie bei den EBV-negativen diffus-großzelligen Lymphomen konnte man bei den viral beeinflussten Geweben eine starke Schwankungsbreite des Expressionsniveaus von +6,6 bei miR-185 und bis -70 bei miR-200c beobachten. Es zeigten sich in Bezug auf Normalgewebe acht miRNAs (s. Tabelle Anhang) als verstärkt und 36 als reduziert vertreten. Überraschenderweise wurde miR-155 nur etwa 2,5-fach überexprimiert. Der onkogene Cluster miR-17-92 wurde nicht differentiell in EBV-assoziierten Lymphomen exprimiert. Folgende miRNAs in dieser Tumorentität konnten im Vergleich zu Tonsillen-Gewebe nicht detektiert werden: miR-203, miR-205, miR-200b und miR-1308. Für den jeweils umgekehrten Fall (miRNAs wieder induziert) siehe Tabelle Anhang.

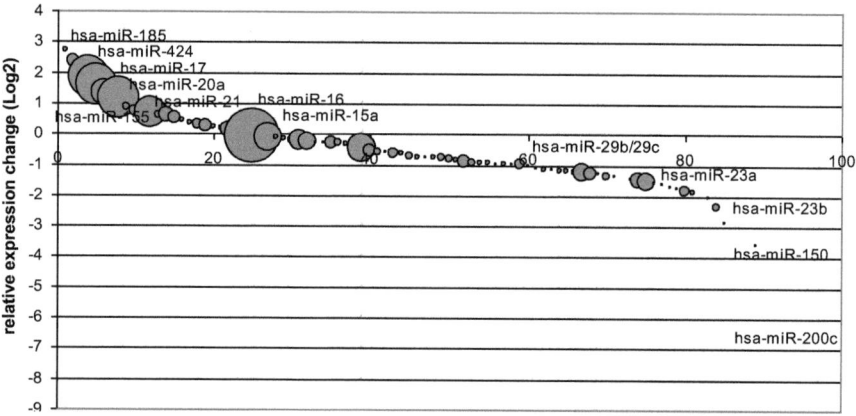

Abbildung 4.7: Relative miRNA-Expressionsänderung in EBV-positiven DLCBLs bezogen auf Tonsillen-Kontrollgewebe. Jede Blase entspricht einer miRNA und die Blasengröße der Abundanz in der Referenz-cDNA Bank. Es sind nur ausgewählte miRNAs angezeigt, geordnet nach absteigender relativer Expressionsstärke >0,1% in einer der beiden verglichenen Banken. Die Expressionsänderung ist in Log_2-Skalierung gezeigt.

4.2.9 Relative miRNA-Expressionsänderung in EBV-positiven zu EBV-negativen DLCBLs

Der direkte Vergleich der gewonnenen Sequenzierdaten aus den jeweils EBV-assoziierten und -unabhängigen B-Zell-Lymphomen sollte Indizien für eine EBV-abhängige Modulation der zellulären miRNAs liefern. Im Folgenden wird nur noch dieser Aspekt als Hauptfokus dieser Arbeit näher behandelt. Wie in Diagramm 4.8 ersichtlich, scheint das Virus einen nicht unerheblichen Einfluss auf die zelleigene RNA-Interferenz zu haben. Dennoch ist ein verhältnismäßig kleiner Anteil aktivierter bzw. inhibierter miRNAs in Bezug auf Zahl sowie Stärke der Expressionsmodulation festzuhalten (s. Tabelle Anhang).

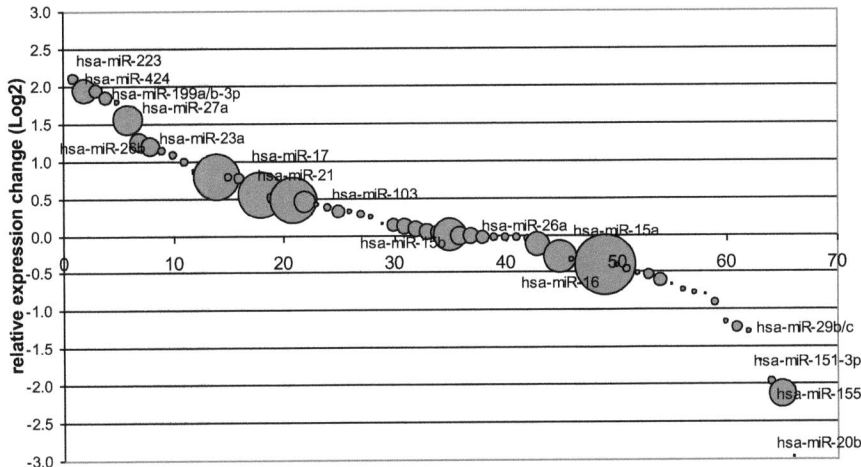

Abbildung 4.8: Relative miRNA-Expressionsänderung von EBV-positiven zu EBV-negativen DLCBLs. Jede Blase entspricht einer miRNA und die Blasengröße der Abundanz in der Referenz-cDNA Bank. Es sind nur ausgewählte miRNAs angezeigt, geordnet nach absteigender relativer Expressionsstärke >0,1% in einer der beiden verglichenen Banken. Die Expressionsänderung ist in Log_2-Skalierung verdeutlicht.

4.2.10 Identifikation EBV-abhängiger miRNA-Kandidaten in DLBCLs

Die Auswahl der potentiell EBV-regulierten zellulären miRNAs erfolgte durch den direkten Vergleich der relativen Expressionsniveaus anhand der Sequenzierdaten. Es wurden dieselbe Einschlusskriterien wie bereits beschrieben angewendet: Abundanz größer als 50 reads in einer der beiden cDNA-Banken und eine Expressionsänderung von ±2. Bemerkenswerterweise halten sich die Zahl der aktivierten (nämlich 9) und reprimierten (7) miRNAs die Balance (s. Tabelle Anhang und Abb. 4.8, 4.9 und 4.10). Darüber hinaus ist interessanterweise im direkten Vergleich der aggressiven Tumore mit dieser Methodik eine Reduktion der Quantität an miR-155 bestimmt worden, obgleich sie im Verhältnis zum Kontrollgewebe immer noch verstärkt vorliegt (2,5-fach, s. Abb. 4.9). Aus diesem Grund wurde miR-155 zu den miRNA gewertet, welche in allen DLBCLs induziert vorliegt. Abgesehen von miR-155 und -424 ist es so, dass zunächst reprimierte miRNAs im EBV-positiven Status wieder aktiviert werden. Eine zusätzliche Induktion im Verhältnis zum Normalgewebe findet anscheinend nicht statt. Umgekehrt zeigen sich unveränderte oder aktivierte miRNAs durch den EBV-Einfluss vermindert. Auch hier findet kein zusätzlicher subtraktiver Effekt statt.

Aufgrund des unerwarteten Expressionsverhaltens von miR-155 und der absolut stärksten Abundanz von miR-424 beschränkte sich der Schwerpunkt im nachfolgenden Verlauf der Arbeit ausschließlich auf diese beiden Kandidaten.

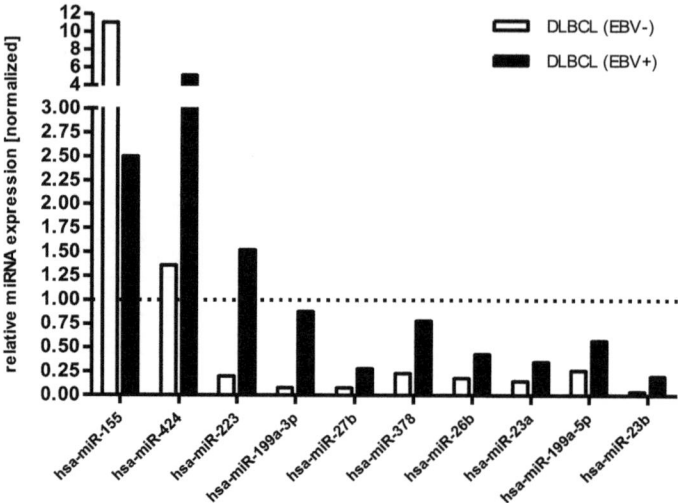

Abbildung 4.9: Relative Überexpression von zellulären miRNAs in Relation zu DLBCL (EBV+).
Die unterbrochene Linie deutet jeweils die als „1" gesetzte Normalexpression in Kontrollgewebe an.

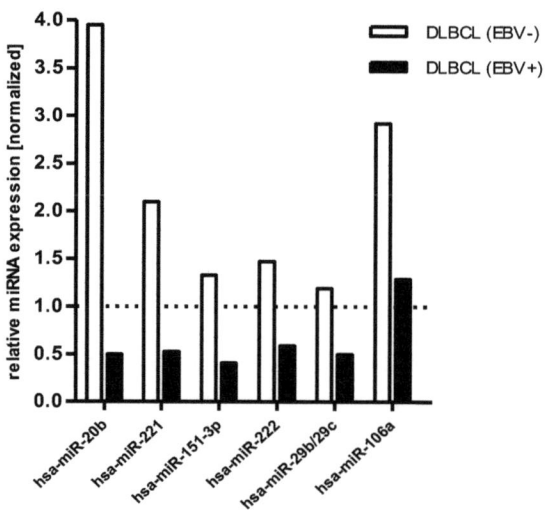

Abbildung 4.10: Relative Unterexpression von zellulären miRNAs in Relation zu DLBCL (EBV-).
Die unterbrochene Linie deutet jeweils die als „1" gesetzte Normalexpression in Kontrollgewebe an.

4.3 Bestimmung viraler miRNA-Muster in humanen B-Zell-Lymphomen

Nach der Bestimmung der zellulären Expressionseigenschaften in diffus-großzelligen B-Zell-Lymphomen erfolgte nun die Charakterisierung des viralen miRNA-Profils. Hierbei konnten von den insgesamt ca. $3,1 \times 10^4$ analysierten „reads" 545 EBV-miRNA-Sequenzen erkannt werden, was einem prozentualen Anteil von 1,7% entspricht (s. Abb. 4.11a). Obwohl man von einer Tumorinfiltration von EBV-infizierten B-Zellen ausgehen kann, konnten keine EBV-kodierten miRNAs in den anderen untersuchten Geweben entdeckt werden. Die exakte Verteilung aller bisher beschriebenen EBV-miRNAs ist in Abbildung 4.11b dargelegt. Die stärksten Expressionen wurden für ebv-miR-BART7, ebv-miR-BART22 (je 14,9%), -BART10 (9,6%), -BART11-5p (8,6%) und -BART16 (7,3%) detektiert. Zusammen genommen umfassen diese fünf allein mehr als 50% aller EBV-miRNAs. Abgesehen von miRNAs des BHRF1-Clusters und ebv-miR-BART15- und -20 waren alle bislang bekannten vertreten. Trotz einer postulierten Ko-Transkription der einzelnen miRNAs eines Clusters, zeigten sich frappierend unterschiedliche Expressionsstärken der jeweiligen Mitglieder (s. Abb. 4.11a).

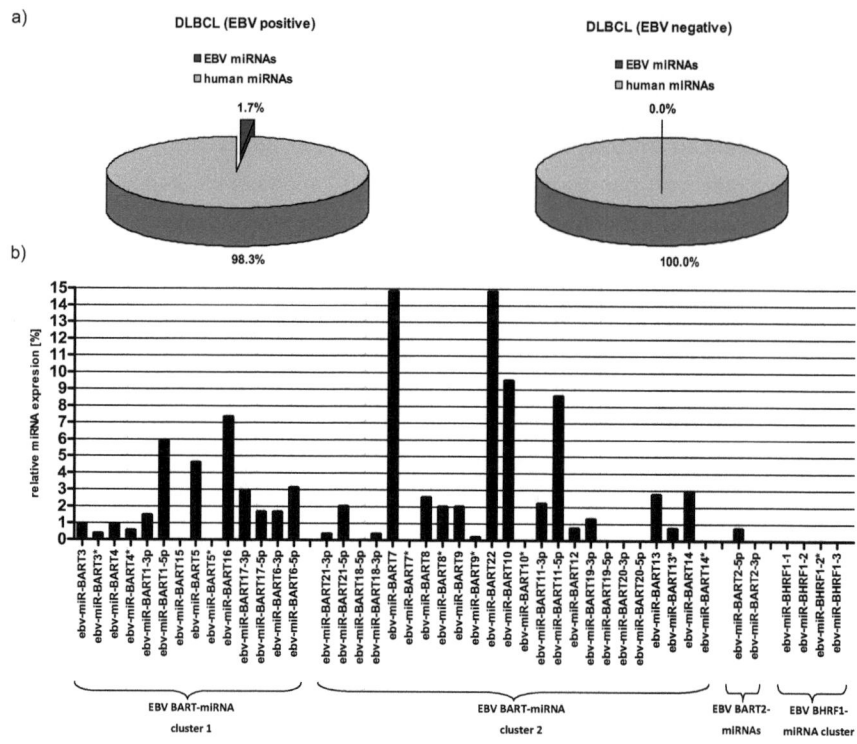

Abbildung 4.11: Repräsentation der EBV-miRNAs in DLBCLs. a) Frequenz der EBV-miRNAs in EBV-positiven DLBCLs (links) und EBV-negativen (rechts), b) relative Expression aller bekannten EBV-miRNAs geordnet nach Cluster-Zugehörigkeit. Die Prozentangaben beziehen sich auf die absolute Zahl an identifizierten EBV-miRNA Sequenzen (Σ=545).

4.4 Validierung des miRNA-Expressionsniveaus

4.4.1 Etablierung der qRT-PCR-Bedingungen in Burkitt-Lymphom-Zelllinien

Bevor diese PCR-Technik auf limitiert zur Verfügung stehendes Gewebe zur Anwendung kam, mussten zunächst die Reaktionsparameter in aus Zelllinien (BL41 und BL41/B95.8) gewonnener cDNA optimiert werden (s. Kap. 3.3.3). Die Ergebnisse dieser Vorversuche sind in Abbildung 4.12 dargelegt. Für alle untersuchten nicht-kodierenden RNAs ergaben sich reproduzierbare produktspezifische Amplifikate, welche in der Agarosegelanalytik die erwartete Größe zeigten. Die negativen Kontrollen ohne Einsatz von Templates ergaben keine oder nur unspezifische Signale. Diese Reaktionsbedingungen wurden anschließend auf die Tumorgewebs-cDNA übertragen.

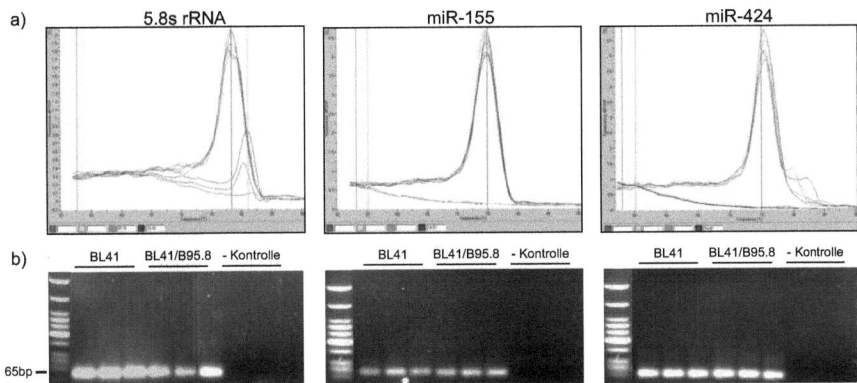

Abbildung 4.12: Etablierung der quantitativen real-time PCR für 5.8s rRNA, miR-155 und miR-424 in BL41- sowie BL41/B95.8-Zelllinien. a) Schmelzkurvendiagramm der PCR-Produkte für 5.8s rRNA, miR-155 und miR-424. Die Negativkontrollen resultierten in unspezifischen oder gar keinen Amplifikaten, b) Agarosegelanalyse der qRT-PCR-Produkte in BL41 und BL41/B95.8. Es sind die jeweils eingesetzten cDNA-Templates als Triplikate aufgetragen.

4.4.2 miRNA-Expressionsvalidierung in humanen primären DLBCLs mit qRT-PCR

Die unter Kapitel 4.2. zehn ermittelten Kandidaten miRNAs-155 und -424, welche potentiell durch EBV reguliert scheinen, wurden nun einer Expressionsvalidierung in primären aggressiven Lymphomgeweben zugeführt. Hierzu wurde die zuvor etablierte quantitative RT-PCR unter den gleichen Reaktionsbedingungen angewendet. Dabei konnte auf eine größere Patientenkohorte (DLBCL [EBV-]: n=10; DLBCL [EBV+]: n=11) zurückgegriffen werden als bei der cDNA-Banksynthese (n=4). Der Versuch wurde dreimal unabhängig voneinander ausgeführt und die Ergebnisse mit der $2^{(-\Delta\Delta c_T)}$-Methode ermittelt. Als interne Referenz diente die 5.8s ribosomale RNA und die Messresultate wurden zu den Werten der drei Tonsillengewebe normalisiert. Das Gesamtergebnis ist im Schaubild 4.13 dargelegt. Bei der Auswahl einer größeren Stichprobenmenge konnte kein signifikanter Expressionsunterschied (~2,3 zu ~2,2) mehr für miR-155 zwischen den beiden Tumorarten ermittelt werden. Darüber hinaus ist die 2,3-fache Induktion von miR-155 in DLBCL (EBV-) gemessen mit qRT-PCR zwar abweichend zu den Sequenzergebnissen (+11x), jedoch signifikant höher als in Tonsillen (P-Wert=0,0463), wohingegen die gemittelte Expressionsaktivierung in

EBV-positiven Vergleichsproben von 2,2-fach nur einen Trend wiedergibt. Ferner ergab sich eine signifikante, etwa 6-fache Überexpression von miR-424 (P-Wert=0,044) für die EBV-negativen zu -positiven Lymphomen. Dies entspricht angenähert dem Wert, der bei Analyse der relativen Klonierungshäufigkeit erhalten wurde (~4,8x). Die Prüfung der Sequenzdaten für miR-424 mit den quantitativen RT-PCRs ergaben insgesamt ein in sich konsistentes Bild, weshalb diese Überexpression auf den viralen Status des Tumors zurückzuführen ist (s. Abb. 4.9 und 4.10, sowie Tabelle Anhang).

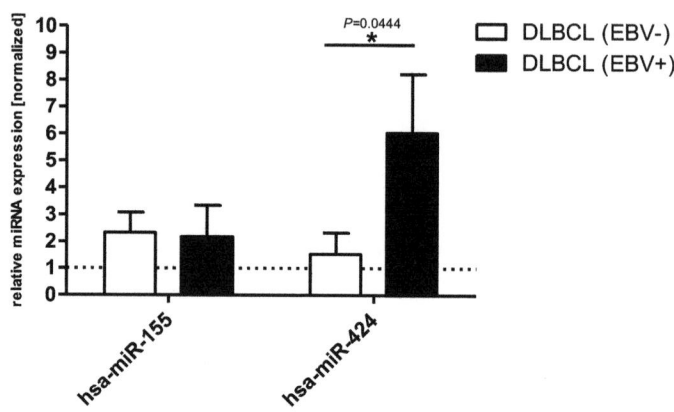

Abbildung 4.13: Relative miRNA-Expression von miR-155 und miR-424 in EBV-positiven und -negativen DLBCLs: real-time PCR. Das Diagramm zeigt die Mittelwerte von drei unabhängigen Versuchen unter Angabe der Standardabweichung. Stichprobenmenge: DLBCL [EBV-]: n=10; DLBCL [EBV+]: n=11; P-Wert < 0,05 statistisch signifikant; gepaarter Student-t-Test.

4.4.3 miRNA-Expressionsvalidierung in DLCBLs mit Northern-Blot

Zur Fortführung der weiteren *in vitro* Versuche sowie funktionaler Tests der miRNAs -155 und -424 wurde zunächst ein geeignetes Zellsystem determiniert. Die freundlicherweise von P. Trivedi (Universität „La Sapienza", Rom) zur Verfügung gestellte U2932 DLBCL-Zelllinie und die davon abgeleiteten EBV-infizierten Klone A, B und 1-3 sind daraufhin auf die Expression der beiden miRNAs im Northern-Blot getestet worden (s. Abb. 4.14). Als Ladekontrolle und interne Referenz zur densitometrischen Berechnung der Expression diente die snoRNA U6. Im Einklang mit den Primärlymphomen zeigte sich eine zwischen 2- und bis zu 10-fach EBV-bedingte gesteigerte Expression von miR-424. Dagegen ergab sich ähnlich wie in den Tumoren eine kaum oder nur moderate Induktion des Expressionsniveaus von miR-155 zwischen

1,4 und 5,5-fach. Folglich sind diese Zelllinien als taugliche Modellsysteme für die weiteren Studien verwendet worden. Darüber hinaus erwiesen sich keine Übereinstimmungen zwischen den für diese EBV-Klone mitgeteilten LMP1 und EBNA2 Mengen. So wiesen die Klone 2, 3 und B hohe Mengen an EBNA2 auf, jedoch auch stark unterschiedliche Expressions-Niveaus von miR-155 und -424. So war z. B. die Menge von miR-424 in Klon 2 (viel EBNA2) welche vergleichbar sind mit Klon A, bei dem EBNA1 abwesend ist. Alle Klone waren LMP1 positiv, jedoch findet man bei Klon B relativ am wenigsten Protein aber die am stärksten miRNA-Mengen (P. Trivedi p.c. und s. Abb. 4.14).

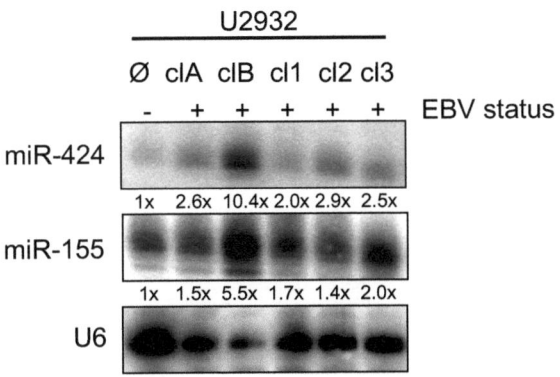

Abbildung 4.14: Northern-Blot Expressions-Analyse von miR-155 und -424 in der diffus-großzelligen B-Zell-Lymphomlinie U2932 und davon abgeleiteten EBV-infizierten Klonen (ClA, B und 1-3). Nach Entfernen der miR-spezifischen Ausgangssonden wurde die snoRNA U6 hybridisiert. Die Zahlen spiegeln die densitometrisch bestimmten relativen Expressionen der miRNAs in EBV-positiven Zellen zu der parentalen Zelllinie wider, wobei die U6-Ladekontrolle zur Normalisierung herangezogen wurde. Die Abbildung zeigt das Ergebnis eines repräsentativen Experiments.

4.5 *In silico* Identifikation potentieller mRNA-Zielstrukturen von miR-155 und -424

Zur Identifizierung valider mRNA-Ziele wurde eine *in silico* Analyse verwendet. Da alle diese Programme verschiedenartige Kriterien (wie z. B. Sequenzkomplementarität und Interspezieskonservierung) berücksichtigen, kommen diese nur bedingt zu übereinstimmenden miRNA-Zielgenen. Weiter erschwerend kommt hinzu, dass in der Regel mehrere hundert oder sogar tausende Gene vorhergesagt werden. Um die Vorhersagekraft und damit die Trefferwahrscheinlichkeit zu optimieren, wurden potentielle Ziel-mRNAs für miR-155 und -424 nur dann berücksichtigt, wenn möglichst viele dieser Algorithmen zu einem gemeinsamen Ergebnis kamen (s. Kap. 4.7.1).

Des Weiteren sind diese überlappenden Vorhersagen zusätzlich noch nach bekannten Zusammenhängen mit EBV und Lymphomgenese überprüft worden. Die Übersicht über dieses Prozedere ist in Abbildung 4.15 im Venn-Diagramm und der Tabelle darunter festgehalten.

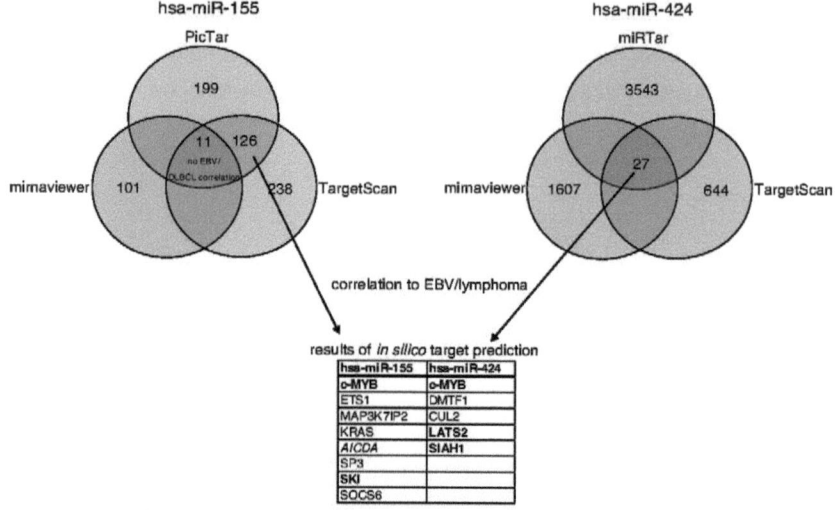

Abbildung 4.15: Übersicht über das angewendete Selektionsverfahren zur Identifikation von miRNA-Zielgenen. Das Venn-Diagramm oben zeigt die verwendeten Algorithmen mit der Gesamtzahl und den gemeinsamen Vorhersagen. Eine PubMed-Recherche über bekannte Korrelation dieser Gene zu EBV und/oder Lymphomen ergab untenstehende Liste. Hervorgehobene Gene wurden weitergehend untersucht.

4.6 Target-Validierung: Luciferase-Reportergen-Assays

4.6.1 Expressionskontrolle des pSG5-miR-424 Konstrukts

Zum späteren Einsatz im Luciferase-Reporter-Assay wurde zunächst ein für miR-424 kodierendes Expressions-Plasmid (pSG5/miR-424) generiert. Nach transienter Transfektion dieses Konstruktes in 293-T-Zellen konnte eine ektopische Überexpression von maturer miR-424 im Northern-Blot gezeigt werden (s. Abb. 4.16). miR-424 war ebenso endogen in diesen Zellen vorhanden und wird anscheinend sehr effizient prozessiert, da kaum „precursor"-Signale detektiert wurden. Somit stand ein System für die Ko-Transfektion von miRNA-tragenden Plasmid und Reportervektor zur weiteren Analyse zur Verfügung.

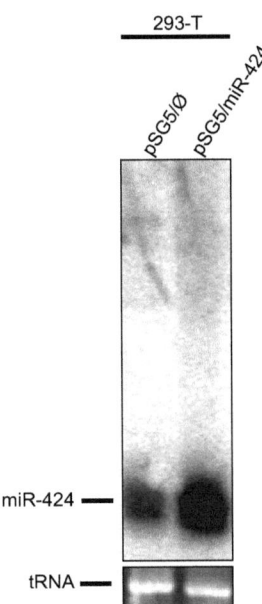

Abbildung 4.16: Northern-Blot zum Nachweis der ektopischen Expression von miR-424.
293-T-Zellen wurden transient mit dem Leervektor pSG5 oder dem pSG5/miR-424 transfiziert. Die Gesamt-RNA wurde nach 48h isoliert und im Northern-Blot mittels spezifischer Sonde detektiert. miR-424 ist sowohl endogen als auch überexprimiert in den behandelten Zellen repräsentiert. Die tRNA diente als Ladekontrolle.

4.6.2 Herstellung der Reportergen-Konstrukte

Im Folgenden wurden Fragmente der 3´-UTR dieser Gene amplifiziert und in den pMiR-Luciferase-Reportervektor kloniert. Als Template hierzu diente entweder genomische Hela-DNA oder cDNA generiert aus Testesgewebe. Die Korrektheit der klonierten Konstrukte wurde durch Sequenzieren sichergestellt. Abbildung 4.17 gibt schematisch Auskunft über die Struktur dieser Konstrukte und den darin enthaltenen potentiellen miRNA-Bindungsstellen, sowie ein Sequenz-Abgleich der jeweiligen mRNA mit dem miRNA-Partner. Die potentiellen Bindungsstellen der miRNAs-155 und -424 in c-MYB 3'-UTR wurden in 5'→3'-Orientierung aufeinanderfolgend als 1-4 benannt.

Ergebnisse

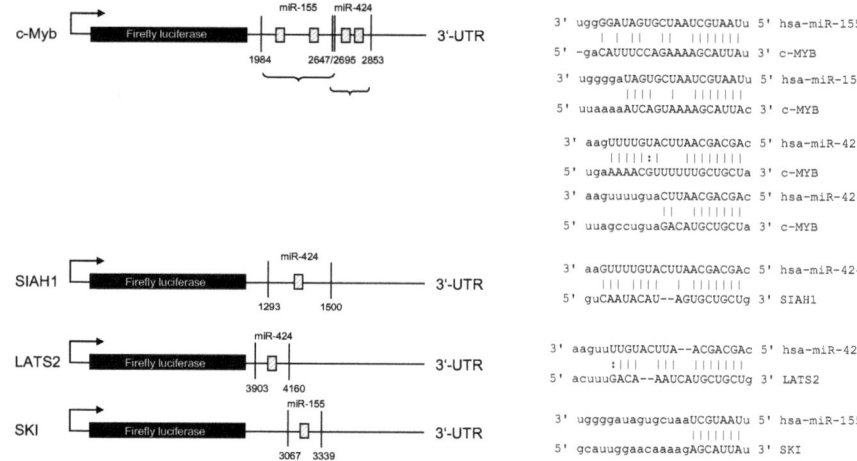

Abbildung 4.17: Schematische Übersicht über die klonierten Reportergen-Konstrukte (links) mit ihren vorhergesagten miRNA-Bindungsstellen (Sequenz-Alignment rechts). Die geschwungenen Klammern deuten den Umfang der Konstrukte für c-MYB an. Die horizontalen Linien und Zahlen geben Anfangs- und Endpunkt der klonierten Fragmente im 3´-UTR-Bereich an.

4.6.3 Luciferase-Assays zur miRNA Target-Validierung

Zur Bestimmung des Einflusses von miRNAs und damit der Verifikation der RNA-Interferenz *in vivo* auf Gene wurden Luciferase-Reporter-Assays durchgeführt. Kommt es zu einer Interaktion einer miRNA mit dem artifiziellen Fusionskonstrukts bestehend aus dem Luciferasegen und einer möglichen mRNA-Zielsequenz, so wird dieses degradiert. Ein direkter miRNA-Einfluss leitet sich also folglich anhand einer geringeren relativen Luciferase-Aktivität her.

Einfluss von miR-155 und miR-424 auf die 3'-UTR von c-MYB

C-MYB ist ein bekanntes Proto-Onkogen und kritisch für eine korrekte B-Zelldifferenzierung. Auch wird c-MYB von weiteren miRNAs wie miR-150 und -15a/16 reguliert. (Xiao, Calado et al. 2007; Zhao, Kalota et al. 2009). Der EBV-kodierte Transaktivator BZLF1 ist verantwortlich für den Übergang vom latenten zum lytischen Zyklus und kann mit c-MYB synergistisch interagieren (Kenney, Holley-Guthrie et al. 1992).

Zum Zwecke der Bestimmung des Einflusses auf benanntes Gen wurde der pSG5/miR-155-Vektor (Effektorkonstrukt) zusammen mit dem pMiR/c-MYB 3'-UTR

(Reportersystem) transient in 293-T-Zellen ko-transfiziert und die relative Luciferase-Aktivität bestimmt. Alle Ergebnisse wurden mindestens in je drei technischen und biologischen Replikaten durchgeführt. Die Ko-Transfektion von pSG5-Leervektor mit dem entsprechenden Reporterkonstrukt wurde auf 100% normiert. In der Tat konnte somit ein solcher negativer Effekt von miR-155 auf die c-MYB-3'-UTR gemessen werden. Die Reduktion der relativen Luciferase-Aktivität betrug signifikant etwa 50% (s. Abb. 4.18, P-Wert=0,0020). Zur Überprüfung der Spezifität dieser Repression wurden in den Bindungsstellen innerhalb der 3'-UTR die ersten drei Nukleotide der „seed"-Sequenz, welche kritisch für die Anlagerung der miRNA sind, deletiert. Es zeigte sich erwartungsgemäß ein de-reprimierender Umkehreffekt. Die relative Luciferase-Aktivität erreichte wieder das Niveau der Kontrolltransfektion.

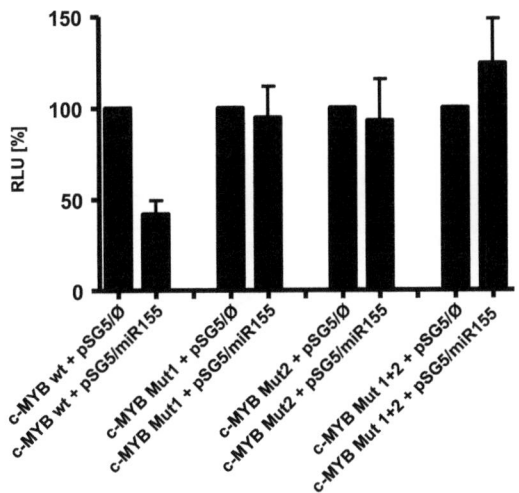

Abbildung 4.18: Einfluss von miR-155 auf die 3'-UTR von c-MYB und Deletionsmutanten der Bindungsstellen. Die Effektor- (pSG5/miR-155) und Reportervektoren (pMiR/c-MYB-3'-UTR) wurden in 293-T-Zellen transient transfiziert und die relative Luciferase-Aktivität nach 48h gemessen. Es stellte sich ein signifikant reprimierender Effekt von miR-155 auf die Wildtyp 3'-UTR von c-MYB um etwa 50%, nicht jedoch auf die Deletionsmutanten ein. Die Ko-Transfektion von pMiR-Reportervektor mit pSG5-Leervektor wurde auf 100% normiert. Gezeigt sind Mittelwerte von je 3 unabhängigen Experimenten in Triplikaten unter Angabe der Standardabweichung. P-Wert <0,05 statistisch signifikant; gepaarter Student-t-Test. RLU = relative Luciferase-Aktivität (relative light units).

Es scheint so, dass beide potentiellen miR-155 Bindungssequenzen funktional sind. Da bei beiden singulären Deletionsmutanten (Mut 1 und Mut 2, s. Abb. 4.18) und der Doppelmutante wieder eine De-Repression eintritt, ist weder eine der beiden Bindungsmotive unabhängig noch können sie sich gegenseitig ersetzen, sondern

Ergebnisse

wirken kooperativ. Die relative Luciferase-Aktivität der Zweifachmutanten war insignifikant leicht erhöht und glich sich wiederum dem Mock-System an (s. Abb. 4.20).

Aus der unter Kapitel 3.6 hergeleiteten potentiellen regulatorischen Einfluss von miR-424 auf die 3'-UTR des Onkogens c-MYB stellte sich nun die Frage, ob dies mit dem verwendeten Luciferase-Testsystem *in vitro* zu bestimmen war. Es wurde hierzu der parallele Versuch wie oben beschrieben angewandt, indem diesmal die Expressionskonstrukte für miR-424, sowie das für die prognostizierten Bindungsstellen der 3'-Region umfassende Reporter-System zusammen in HEK 293-T-Zellen transfiziert wurden. Auch für diesen Fall konnte eine signifikante Repression (P-Wert=0,0373) der relativen Luciferase-Aktivität um ca. 50% gemessen werden (s. Abb. 4.19). Die analogen Tests der Mutationsvektoren von c-MYB offenbarten eine spezifische De-Repression lediglich für die erste Bindestelle, die zweite Mutation blieb ohne Effekt auf die Luciferase-Aktivität. Auch die Doppelmutation hatte erwartungsgemäß denselben Effekt wie die Deletion der funktionalen Bindestelle 1 für miR-424 in besagter UTR.

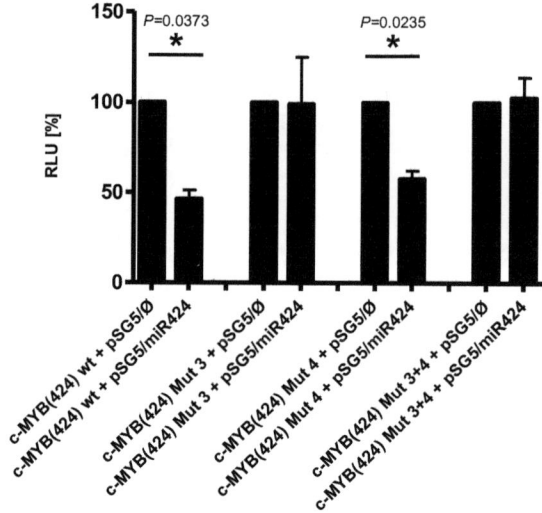

Abbildung 4.19: Einfluss von miR-424 auf die 3'-UTR von c-MYB und Deletionsmutanten der Bindungsstellen. Die Effektor- (pSG5/miR-424) und Reportervektoren (pMiR/c-MYB-3'-UTR(424)) wurden in 293-T-Zellen transient transfiziert und die relative Luciferase-Aktivität nach 48h gemessen. Es stellte sich ein signifikant reprimierender Effekt von miR-424 auf die Wildtyp 3'-UTR von c-MYB um etwa 50% ein. Die Mutation von Bindungsstelle 3 und Mut 3+4, nicht jedoch von Mut 4 allein ergab eine De-Repression. Die Ko-Transfektion von pMiR-Reportervektor mit pSG5-Leervektor wurde auf 100% normiert. Gezeigt sind Mittelwerte von je 3 unabhängigen Experimenten in Triplikaten unter Angabe der Standardabweichung. P-Wert <0,05 statistisch signifikant; gepaarter Student-t-Test. RLU = relative Luciferase-Aktivität (relative light units).

Ergebnisse

Einfluss von miR-424 auf die 3'-UTR von SIAH1

Das zweite mögliche Gen, welches als Ziel miR-424 vorhergesagt wurde, war SIAH1 (seven in absentia homolog 1). Dieses Gen codiert eine E3-Ubiquitin-Ligase und interveniert aktiv in den zellulären Wnt-Signalweg, indem es die proteasomale Degradierung von β-Catenin begünstigt, was mit gesteigerter Zellproliferation einhergeht (Liu, Stevens et al. 2001). Zusätzlich stellt sich immer mehr eine tumorsuppressive Funktion von SIAH1 heraus (Wen, Yang et al. 2009). Des Weiteren ist zwar bekannt, dass EBV durch das latente Membran Protein 1 (LMP1) die Akkumulation von β-Catenin über Inhibition von SIAH1 fördert. Allerdings ist der genaue Zusammenhang noch nicht geklärt (Jang, Shackelford et al. 2005).

Durch Ko-Transfektion des miR-424-Motiv umfassenden 3'-UTR von SIAH1 mit demselben dem Luciferase-Testsystem fand sich eine statistisch signifikante (P-Wert=0,0374) Reduktion der relativen Luciferase-Signalintensität von ungefähr 30%. Die Deletion dieses Bindungsmotivs resultierte erfolgreich in einem Wiedererlangen des Ausgangsniveaus.

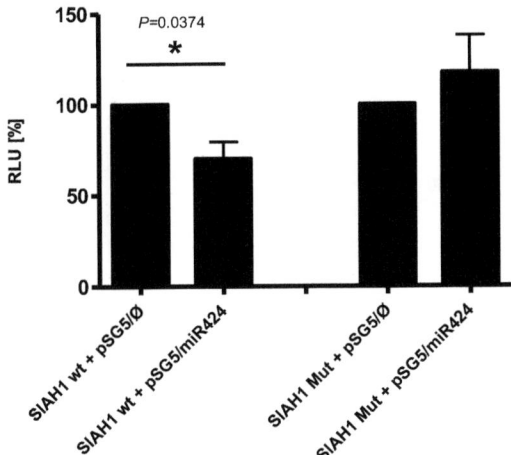

Abbildung 4.20: Einfluss von miR-424 auf die 3'-UTR von SIAH1 und Deletionsmutante der Bindungsstelle. Die Effektor- (pSG5/miR-424) und Reportervektoren (pMiR/SIAH1-3'-UTR) wurden in 293-T-Zellen transient transfiziert und die relative Luciferase-Aktivität nach 48h gemessen. Es stellte sich ein signifikant reprimierender Effekt von miR-424 auf die Wildtyp 3'-UTR von SIAH1 um etwa 30%, nicht jedoch der Deletionsmutante ein. Die Ko-Transfektion von pMiR-Reportervektor mit pSG5-Leervektor wurde auf 100% normiert. Gezeigt sind Mittelwerte von je 3 unabhängigen Experimenten in Triplikaten unter Angabe der Standardabweichung. P-Wert <0,05 statistisch signifikant; gepaarter Student-t-Test. RLU = relative Luciferase-Aktivität (relative light units).

Kein Einfluss von miR-424 auf die 3'-UTR von LATS2 und von miR-155 auf SKI

Auch die beiden letzten untersuchten Gene stellten attraktive Untersuchungsobjekte eines Zusammenhangs von RNA-Interferenz mit der Tumorbiologie dar. LATS2 (large tumor suppressor, homolog 2) ist, wie der Name schon sagt, ein Tumorsuppressor und kodiert für eine Serin/Threonin-Kinase. Die verminderte Expression von LATS2 ist verknüpft mit einer schlechteren Prognose in akuten lymphoblastischen Leukämien (Jimenez-Velasco, Roman-Gomez et al. 2005). Weiterhin gab es Indizien, wonach in biochemischen Ago2-Immunpräzipitationen von EBV-infizierten Zelllinien LATS2 dort stärker komplexiert vorliegt als in Vergleichszellen (L. Dölken, nicht veröffentliche Daten).

Das SKI Proto-Onkogen (v-ski sarcoma viral oncogene homolog) war von weitergehendem Interesse, da SKI die TGF-β induzierte Herabregulierung von c-MYC inhibiert (Suzuki, Yagi et al. 2004). Weiterhin ist bekannt, das SKI mit dem myeloischen Differenzierungsmarker PU.1, welcher ebenso mit EBNA-2 komplexiert ist, interagiert (Ueki, Zhang et al. 2008).

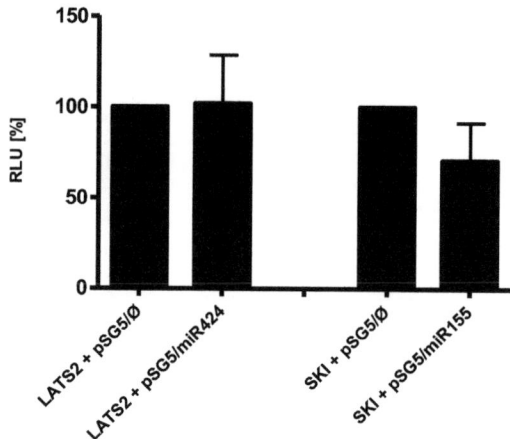

Abbildung 4.21: Kein Einfluss von miR-424 auf die 3'-UTR von LATS2 und miR-155 auf SKI-3'-UTR. Die Effektor- (pSG5/miR-424 bzw. pSG5/miR-155) und Reportervektoren (pMiR/LATS2-3'-UTR bzw. pMiR/SKI-3'UTR) wurden in 293-T-Zellen transient transfiziert und die relative Luciferase-Aktivität nach 48h gemessen. Es stellte sich kein signifikant reprimierender Effekt von miR-424 und miR-155 auf SKI heraus. Die Ko-Transfektion von pMiR-Reportervektor mit pSG5-Leervektor wurde auf 100% normiert. Gezeigt sind Mittelwerte von je 3 unabhängigen Experimenten in Triplikaten unter Angabe der Standardabweichung. RLU = relative Luciferase-Aktivität (relative light units).

Ergebnisse

Bei Anwendung des Luciferase-Assays der miR-424 auf die 3'-UTR von LATS2 noch von miR-155 auf die 3'-UTR von SKI konnte keine signifikante Verminderung des Luciferase-Pegels bestimmt werden. Die relative Signalstärke (Reduktion um rund 30%) von SKI-UTR mit miR-155 erreichte keine Signifikanz, sie folgte lediglich einem Trend (P-Wert=0,0570) (s. Abb. 4.21).

Kein Einfluss der Reporterkonstrukte auf den Ausgangsvektor pMiR-RNL-TK

Zum Ausschluss eines unspezifischen Effekts der eingesetzten miR-Expressionsplasmide auf den ursprünglichen Reportervektor pMiR-RNK-TK wurde ein zusätzliches Kontrollexperiment ausgeführt.

Das Ergebnis von fünf unabhängigen Messungen in jeweils Dreifach-Bestimmungen ist in Abbildung 4.22 dargelegt. Beide pSG5/miR-Vektoren hatten keinen signifikanten Einfluss auf die Luciferase-Aktivität des originalen Reporter-Plasmids (pMiR-RNL-TK zu pSG5/miR-155: P-Wert=0,580; pMiR-RNL-TK zu pSG5/miR-424: P-Wert=0,9902).

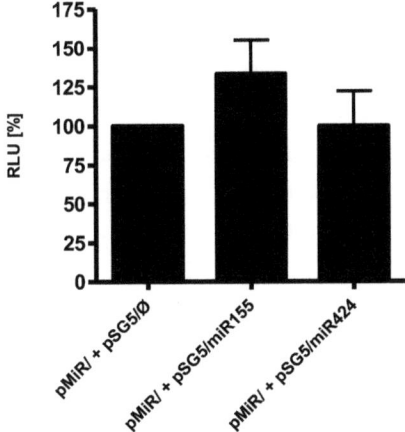

Abbildung 4.22 Einfluss der verwendeten miR-Expressionsvektoren auf den pMiR-Leervektor. Die Effektor- (pSG5/miR-424 bzw. pSG5/miR-155) und der Reportervektoren (pMiR/Ø) wurden in 293-T-Zellen transient transfiziert und die relative Luciferase-Aktivität nach 48h gemessen. Es zeigte sich kein signifikanter Einfluss der Effektorplasmide auf die Luciferase-Aktivität bezüglich des leeren Reportervektors. Die Ko-Transfektion von pMiR-Leervektor mit pSG5-Leervektor wurde auf 100% normiert. Gezeigt sind Mittelwerte von mindestens 5 unabhängigen Experimenten in Triplikaten unter Angabe der Standardabweichung. RLU= relative Luciferase-Aktivität (relative light units).

4.7 Funktionelle Charakterisierung von miR-155 und -424 in B-Zell-Lymphomzellen

Zur weiteren Charakterisierung der Funktionen der zuvor als Lymphom- bzw. EBV-relevant bestimmten miRNAs und deren mRNA-Zielgenen wurden entweder klassischerweise „knock-down"- oder Überexpressionsstudien durchgeführt und der entstehende Phänotyp beobachtet. Dies sollte in gleicher Weise mit den identifizierten miRNA-Genen -155 und -424 vollzogen werden, indem entweder miRNA-Vorläufermoleküle („miR-mimics") bzw. Inhibitoren in Lymphomzellen eingebracht werden. Bei einer Inhibition der miRNA-Funktion sollte bei einer Regulation durch miRNAs ein Anstieg der Proteinmenge beobachtet werden können. Umgekehrt bei einer miRNA-Überexpression kann eine Reduktion der Menge des betreffenden Proteins erwartet werden.

4.7.1 Optimierung der Transfektion von „anti-sense"-Oligonukleotiden in DLBCL-Zellen

Die benutzten Zelllinien waren dabei die EBV-infizierten Abkömmlinge (Klone B und 2) der parentalen U2932-Zelllinie. Ausschlaggebende Kriterien zur Auswahl dieser Zelllinien waren die potente Transfektionseffizienz zusammen mit der relativ starken miR-Expression (s. Abb. 4.14), was nach erfolgreicher Internalisierung von Effektormolekülen einen ausgeprägten Einfluss erwarten ließ. Das exemplarische Ergebnis dieser Vorversuche ist in Abbildung 4.23 dargelegt. Die reverse Transfektion von 60pMol FAM-markierten Oligonukleotiden pro 1×10^5 Zellen und die Analyse nach 72h zeigten minimalste Zytotoxizität (s. Abb. 4.23 Dot-Plots, links und Mitte) relativ zur Mock-Kontrolle und eine robuste Transfektionseffizienz zwischen 86-88% (Histogramm, rechts). Das so etablierte Protokoll wurde entsprechend auf die Versuche mit miR-mimics und -Inhibitoren angewendet.

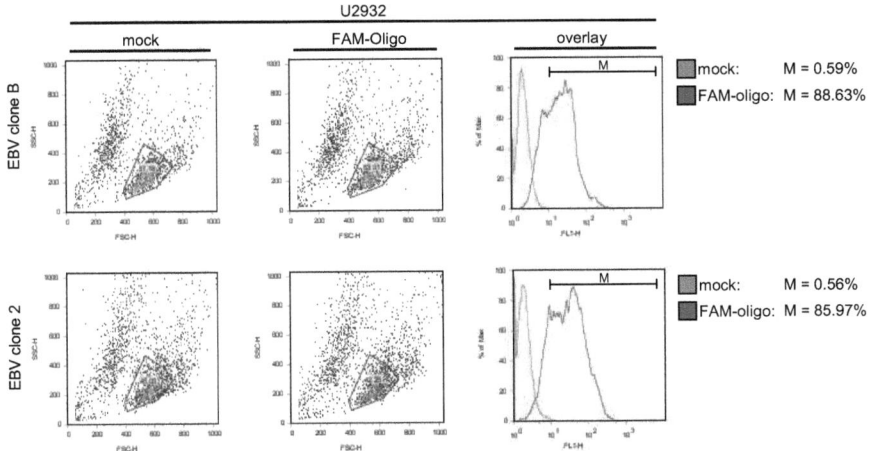

Abbildung 4.23: Durchflusszytometrische Bestimmung der Transfektionseffizienz der FAM-markierten Oligonukleotide in U2932-EBV-Zellen. Die indizierten Zellen (U2932, EBV Klone B und 2) wurden mit je 60pMol FAM-markierten anti-miR-Kontrolloligonukleotid (Ambion) pro 10^5 Zellen sowie lediglich mit Transfektionsagenz transfiziert und nach 72h untersucht. Es erwiesen sich keine relevanten zytotoxischen Effekte bei beiden Behandlungen (Dot-Plots, links und Mitte). Die Messung der Fluoreszenzintensität ergab Transfektionseffizienzen (M = Marker) von ca. 88% (Klon B) und 86% (Klon 2) relativ zur Mock-Kontrolle (Histogramme, rechts).

4.7.2 Verifikation der verminderten Expression von miR-155 und -424

Nach der systematischen Erstellung eines Protokolls zum Einbringen von miRNA-Inhibitoren sollte nun geprüft werden, ob dies tatsächlich zu einem messbaren Effekt auf deren Expression in besagten Zelllinien führt. Bindet ein solches „anti-sense" RNA-Molekül, welches selbst gegen biochemischen Abbau geschützt ist, eine miRNA, so wird erstens dessen Funktion beeinträchtigt und zweitens der Abbau beschleunigt. Dazu transfizierte man 1×10^6 U2932-EBV-Zellen (Klon B und 2) mit 0,6nMol miR-Inhibitoren-155 sowie -424 und isolierte die Total-RNA nach drei Tagen. Im Northern-Blot wurde die zuvor postulierte Abnahme der miRNA-Menge densitometrisch bestimmt (s. Abb. 4.24). Die Reduktion in einem exemplarischen Versuch betrug für α-miR-155 in U2932/Klon B etwa 33% und für Klon 2 etwa 66%. Die Abnahme nach Behandlung mit α-miR-424 führte zu einer nahezu kompletten Einschränkung der Expression (Klon B: -80%; Klon 2: -100%). Somit konnte nach einer damit möglicherweise einhergehenden inversen Quantität der miRNA-Zielproteine SIAH1 und c-MYB detektiert werden.

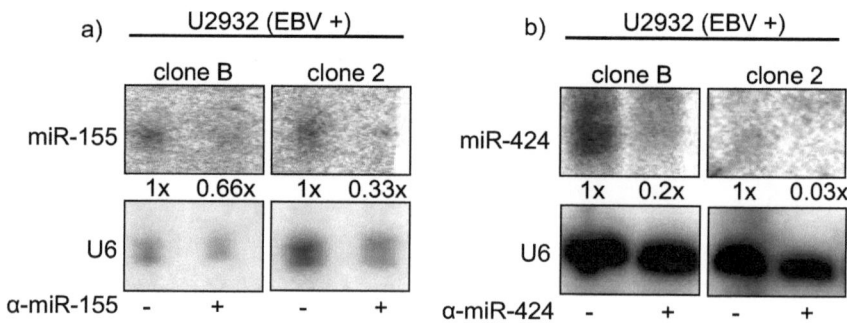

Abbildung 4.24: Reduktion der endogenen miRNA-Expression durch „anti-sense"-Inhibitoren in EBV-positiven U2932-Zellen. Die indizierten Zellen (U2932, EBV Klone B und 2) wurden mit je 60pMol/miR-Inhibitor-155 (a) und -424 (b) sowie Negativkontroll-Oligonukleotid (Ambion) pro 1×10^5 Zellen transfiziert und nach 72h im Northern-Blot untersucht. Die Signalstärken wurden densitometrisch vermessen und ergaben eine 66-33%-ige Reduktion von miR-155 (a) sowie eine 80-100%-ige Verminderung der Expression von miR-424 (b). Die Detektion von U6-snoRNA diente als Ladekontrolle. Dargestellt ist das Ergebnis eines exemplarischen repräsentativen Experiments.

4.7.3 Rekonstitution der Proteinmenge durch miRNA-Inhibition

Der letztendliche Nachweis der Regulation von mRNA-Zielmolekülen durch kleine nicht-kodierende RNAs erfolgte auf Proteinebene, indem die Zellen (U2932 EBV-Klon B und 2) wie zuvor beschrieben mit Inhibitoren für miR-155 sowie -424 transfiziert wurden („Blocking-Assay"). Die Bestimmung der Proteinmenge von SIAH1 und c-MYB erfolgte im Western-Blot-Verfahren. Wie in Abbildung 4.25 gezeigt, führte diese Behandlung zu einem eindeutigen Anstieg von SIAH1-Protein nach Blockieren von miR-424, sowie c-MYB jeweils durch Ausschaltung von miR-424 und miR-155 im Verhältnis zu unbeeinträchtigtem β-Actin. Somit bleibt festzuhalten, dass SIAH1 und c-MYB bisher unbeschriebene Zielstrukturen von miR-424 sind und c-MYB von miR-155 in B-Zell-Lymphomzellen post-transkriptionell reguliert wird.

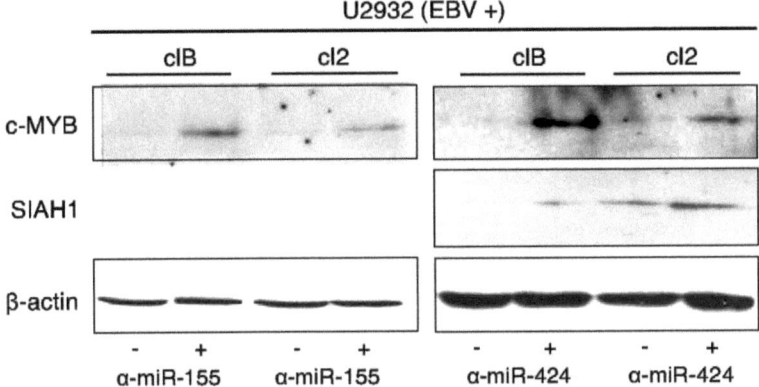

Abbildung 4.25 Analyse von SIAH1 und c-MYB Proteinexpression nach Inhibition endogener miRNAs. Die Zelllinien U2932-EBV (Klone B und 2) wurden mit miRNA-Inhibitoren spezifisch für miR-424 und -155 transfiziert. Nach 3 Tagen wurden die Zellen geerntet und die Proteinextrakte im Western-Blot untersucht. Nach Inhibition der miR-155 und -424 (+) konnte ein Anstieg der Proteinmenge für c-MYB und SIAH1 festgestellt werden, allerdings nicht bei Transfektion eines irrelevanten Kontrollolignukleotids. Die Detektion von β-Actin fungierte als Ladekontrolle.

4.7.4 Einfluss von miR-424 auf den Wnt-Pathway

Zum Zeitpunkt dieser Arbeit war bereits bekannt, dass SIAH1 als E3-Ubiquitin-Ligase zum proteasomalen Abbau von β-Catenin beiträgt (Yoshibayashi, Okabe et al. 2007). Da hier bereits eindeutig gezeigt wurde, dass miR-424 EBV-abhängig induziert wird und ferner einen antagonistischen Effekt auf das Proteinniveau von SIAH1 ausübt, lag es nahe, den direkten Nachweis über eine miR-424 vermittelte indirekte Repression dieses zentralen Mediators des Wnt-pathways zu erbringen. Dabei wurde folgende Arbeitshypothese einer Überprüfung unterzogen: eine Reduktion von SIAH1 durch miR-424 minimiert die Ubiquitinylierung von β-Catenin und folglich die Markierung zur proteolytischen Degradation resultierend in einer Akkumulation. Dieses Ziel sollte dadurch erreicht werden, dass in U2932-EBV Zellen (Klone A, B und 2) Vorläufermoleküle von miR-424 (pre-mir-424, „mimics") eingebracht werden. Diese Moleküle werden dann gemäß dem RNAi-Prozessierungsweg maturiert und imitieren dessen native Funktion. Die Transfektion von RNA-mimics erfolgte exakt nach den bereits oben beschriebenen Bedingungen und die Bestimmung der Proteinmenge von β-Catenin im Western-Blot nach drei Tagen. Wie in Schaubild 4.26 ersichtlich, konnte man eine klare Steigerung der Proteinmenge in diesen Lymphomzellen im Vergleich zur Kontrollbehandlung nachweisen. Als Ladekontrolle wurde wiederum β-Actin eingesetzt.

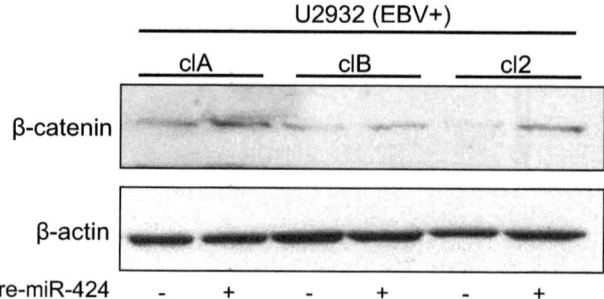

Abbildung 4.26: Induktion von β-Catenin durch Überexpression von miR-424 in DLBCL-Zellen. Die Zelllinien U2932-EBV (Klone A, B und 2) wurden mit pre-miR-424 Molekülen transfiziert. Nach 3 Tagen wurden die Zellen geerntet und die Proteinextrakte im Western-Blot untersucht. Die β-Catenin Proteinexpression wurde durch pre-miR-424 gesteigert, jedoch nicht bei Transfektion eines irrelevanten Kontrolloligonukleotids (scramble). Die Detektion von β-Actin fungierte als Ladekontrolle.

5 Diskussion

MicroRNAs stellen aufgrund ihrer geringen Größe und fehlenden Immunogenität, sowie ihrer bemerkenswerten funktionellen Flexibilität attraktive Kandidaten viral-kodierter Regulatoren von Virus- und Wirtsgenen dar. Das in der vorliegenden Arbeit untersuchte Epstein-Barr-Virus ist ein prominentes Tumorvirus und kodiert für endogene miRNAs mit weitgehend unbekannter Funktion. Ferner ist es anzunehmen, dass das an seinen Wirt adaptierte Epstein-Barr-Virus die wirtseigene RNA-Interferenz-Maschinerie zu replikativen Zwecken moduliert. Zum Zeitpunkt des Beginns dieser Arbeit war weder etwas über die intrinsische miRNA-Expression des EB-Virus noch die Auswirkung dieser Präsenz auf das zelluläre miRNA-RNA Muster in diffus-großzelligen B-Zell-Lymphomen bekannt. Im Verlauf der Arbeit konnten erste Anhaltspunkte gesammelt werden, die für das Virus vorteilhafte proliferative Eigenschaften aufgrund von veränderten miRNA-Profilen in dieser Tumorentität begünstigen. Weiterhin sollte ein Vergleich des miRNA-Expressionsverhalten niedrig-maligner und aggressiver B-Zell-Lymphome vorgenommen werden.

In den folgenden Abschnitten soll der biologische Kontext der erhaltenen Daten erläutert und die biologische Relevanz im Kontext möglicher Funktionen diskutiert werden.

5.1 Beurteilung der cDNA-Banken aus kleinen nicht-kodierenden RNAs

Auswahl der Gewebe und Herstellung der cDNA-Banken

Die in unserer Studie eingesetzten Gewebe stammten von immunkompetenten, HIV-negativen Patienten. Die analysierten EBV-positiven DLBCLs exprimierten in Übereinstimmung mit dem Immunstatus keine LMP-Proteine sowie EBNA2 entsprechend einem Latenztyp I. Neoplasien des lymphatischen Systems und insbesondere die diffus-großzelligen Lymphome sind charakterisiert durch das Anschwellen von Lymphknoten mit teilweiser bis kompletter Zerstörung normaler Strukturen und dem Vorkommen großer transformierter lymphoider B-Zellen. Dieser Zustand gleicht der einer chronisch-inflammatorischen Situation (Tan and Coussens 2007). Neben maligne entarteten Zellen finden sich auch immer „normale" Anteile in den resezierten

Diskussion

Geweben, welche die Messergebnisse hinsichtlich der Genexpression beeinträchtigen können. Die Wahl des entsprechenden Kontrollgewebes fiel aus diesem Grunde nicht auf angereicherte B-Zellpopulationen aus peripherem Blut, sondern auf chronisch-inflammatorisches Tonsillen-Gewebe als zu bervorzugendem Normstandard.

Das Zusammenfassen von je vier Patientenproben beim Sequenzieren hatte nicht eine statistisch signifikante Expressionsänderung zum Ziel, da der Umfang der Patientenproben *a priori* zu gering war. Es diente lediglich als Ansatzpunkt zur initialen Identifikation fehlregulierter miRNAs. Man verfolgte die Strategie einer anschließenden Validierung dieser ersten Befunde durch Heranziehung einer größeren Stichprobenmenge.

Sequenzannotierung, Häufigkeitsverteilung und Klassifikation

Nach der gesamten Annotierung aller Sequenzen wurde ein relativ hoher Anteil von miRNA-Sequenzen gefunden, welcher zwischen 37% und 60% lag (Tonsillen: 60,2%; indolente Lymphome: 42,7%; DLBCL/EBV-: 56% DLBCL/EBV+: 37,4%; s. Abb. 4.2). Vergleichbare Studien weisen z. T. stark variierende miRNA-Frequenzen bei ihren Analysen auf (Zhu, Pfuhl et al. 2009). Allerdings konnten andere Arbeiten, die stattdessen Zelllinien für ihre Sequenzanalysen einsetzten, vergleichbare Effizienzen erreichen (Kuchenbauer, Morin et al. 2008; Morin, O'Connor et al. 2008). Folglich bewegt sich diese Studie im vergleichbaren Rahmen, und die Anzahl an „reads" ist ausreichend, um differentielle Expressionssignaturen herzuleiten.

Der Vorteil dieser Arbeit liegt trotz des hohen zeitlichen Aufwandes der selbst entwickelten semi-manuellen Bearbeitung darin, dass 3-4 (vermutlich auf Seqenzierfehler beruhende) „mismatches" pro Amplikon berücksichtigt werden konnten. Dies gewährleistete eine höhere Ausbeute an miRNA-Sequenzen von bis zu 10% (Tonsillen-Bank vor und nach Rückprüfung), allerdings auf Kosten einer höheren Treffersicherheit. Üblicherweise lassen automatisierte Algorithmen nur maximal 1-2 Sequenzfehler zu oder verlangen sogar eine 100-prozentige Übereinstimmung mit genomischen Regionen oder Datenbanken (Berninger, Gaidatzis et al. 2008). Dies führt dazu, dass in anderen Arbeiten trotz der zum Teil extrem hohen Zahl an Rohsequenzen von bis zu 10^6-10^7 letztlich nur ein geringer Teil verwertbar ist.

MicroRNAs stellten mit ihrer durchschnittlichen Länge von 21-23 Nukleotiden die dominante Gruppe der gefundenen ncRNAs dar. Alle anderen in den Banken er-

Diskussion

mittelten RNA-Spezies sind in der Regel ribonukleolytische Abbauprodukte größerer Moleküle. Dennoch findet sich hierbei eine Ausnahme der Regel, da mittlerweile bekannt ist, dass snoRNAs und tRNAs am Mikroprozessorweg partizipieren (Ender, Krek et al. 2008; Cole, Sobala et al. 2009) und somit das regulatorische Repertoire erweitern. Es ist nicht auszuschließen, dass auch hier solche von anderen Subgruppen hergeleitete RNAs miRNA-ähnlichen Charakter aufweisen können.

Die Klassifikation der in den Banken enthaltenen Sequenzen offenbarte neben miRNAs noch weitere nicht-kodierende RNAs (s. Abb. 4.2). Es zeigte sich, dass in allen Banken die small nucleolar/small nuclear RNA, 5.8s/5s ribosomale RNA und Ribonukleoprotein-assoziierte RNA den kleinsten Anteil ausmachten und auch unwesentlich in ihrem Auftreten schwankten. Ebenso verhielt sich die zweithäufigste Fraktion der ribosomalen RNAs (18s und 28s), was vermutlich auf ribonukleolytische Abbauvorgänge zurückzuführen ist. Dieser Anteil der rRNAs zusammen mit den tRNAs zeigte sich in der cDNA-Bank aus follikulären Lymphomen leicht erhöht im Vergleich zu den anderen und ist wahrscheinlich in einer geringfügig niedrigeren RNA-Qualität zu begründen. Eine Ausnahme bildete die Gruppe der Transfer-RNAs in EBV-positiven DLCBLs, in der eine Zunahme der Frequenz von durchschnittlich 6% auf 16% relativ zu EBV-negativen DLBCLs erfolgte. Eine kürzlich veröffentliche Untersuchung stellte fest, dass das Epstein-Barr-Virus eine induzierende Wirkung auf die RNA-Polymerase III Aktivität besitzt (Felton-Edkins, Kondrashov et al. 2006). Dies führt zu einer Aktivierung viraler EBER-RNA-Transkripte und hat indirekt zur Folge, dass tRNA, 5sRNA und 7SLRNA ebenso induziert werden. Da letztere jedoch unverändert bleiben, ist es spekulativ, ob die anscheinend erhöhte Anzahl an tRNA-Sequenzen viral ausgelöst wird.

Des Weiteren sind sogenannte Iso-miRs, d. h. miRNAs, die Sequenzvariationen vornehmlich in den 5'- oder 3'-terminalen Bereichen beinhalten von Bedeutung (Kuchenbauer, Morin et al. 2008). Aufgrund der hier eingesetzten Sequenziertechnik, die eine abnehmende Sequenzgenauigkeit vornehmlich im 3'-Terminus (Margulies, Egholm et al. 2005) aufweist, konnte zwischen echten Iso-miRs und Sequenzartefakten nicht differenziert werden. Eine Ausnahme hierzu war die veränderte miR-142-3p deren Sequenzvariation auf genomischer Ebene bei einem Patienten bestätigt werden konnte (s. Abschnitt 3.2.4).

Die ermittelte Sequenzhäufigkeitsverteilung (s. Abb. 4.3), wonach die Mehrheit der einzelnen miRNAs sehr gering abundant in allen Banken vorliegt, ist konsistent

Diskussion

mit vorangegangenen Untersuchungen (Kuchenbauer, Morin et al. 2008; Morin, O'Connor et al. 2008). Viele verschiedene Autoren betonen jedoch in ihren Arbeiten, dass anscheinend nicht die absolute miR-Expression ausschlaggebend ist, sondern vielmehr das relative Verhältnis zueinander. Unterstrichen wird dies auch durch den Grad der überlappend exprimierten miRNA-Spezies, welche in allen Banken zueinander mindestens 70% betrug. MirRNAs, die jeweils nur in einer Bank gefunden wurden, wiesen eine entsprechend niedrige Häufigkeit auf. Auch dienen solch niedrig exprimierte miRNAs eher dem „fine-tuning" ihrer Zielgene, als einer kompletten Zustandsänderung (Flynt and Lai 2008). Viele miRNAs sind kritische Faktoren während Entwicklung und Differenzierung (Mendell 2005), so dass während des Verlaufs der Ontogenese mehr und mehr miRNAs abgeschaltet werden. Da Tumorzellen oft den umgekehrten Prozess der De-Differenzierung durchlaufen, gibt ihr miRNA-Profil anscheinend diesen naiven Zustand wieder. Im Einklang mit früheren Veröffentlichungen ist dies hier an dem weniger komplexen Expressionsrepertoire in maligne transformierten B-Zell-Lymphomen abzulesen (s. Abb. 4.3) (Calin, Liu et al. 2004; Kumar, Lu et al. 2007).

Neue und veränderte miRNAs

Das initiale Ziel der Arbeit war neben der Klassifizierung spezifischer Tumor- und EBV-abhängiger miRNA-Profile auch die Identifizierung neuartiger miRNAs. Während andere Arbeiten eine Vielzahl von unbekannten miRNAs durch massives paralleles Sequenzieren ausmachen konnten (Kuchenbauer, Morin et al. 2008; Morin, O'Connor et al. 2008; Wyman, Parkin et al. 2009; Zhang, Yang et al. 2009), misslang dies mit unserem Ansatz. Ein Grund war möglicherweise eine unzulängliche Detektionssensitivität für die *de novo* Identifikation oder, dass alle exprimierten miRNAs in diesen Geweben bekannt sind. Zum anderen kann es bedeuten, dass der angewendete Vorhersagealgorithmus Mängel aufweist, die eine Identifikation behindern. Obwohl die vielversprechende Sequenz einer putativ neuen miRNA (miR-1-2*-like) nicht endogen in den Zelllinien BL41, BL41/95.8 U2932 und BJAB detektiert wurde, könnte diese trotzdem möglicherweise in anderen Entwicklungsstadien, Zelllinien oder Geweben vorkommen. Im Falle des Epstein-Barr-Virus scheint es so zu sein, dass die genomische Kapazität für miRNAs erschöpft ist und es nicht mehr zu erwarten ist, neue Mitglieder zu finden.

Diskussion

Überaschenderweise fand sich während der Analyse der miRNA eine häufige Veränderung (Frequenz: 12,8%, s. Abb. 4.4) innerhalb der Sequenz der Lymphozyten-spezifischen miR-142-3p. Kürzlich deckten Yang und Kollegen auf, dass pri-miR-142 durch ADAR-Deaminasen extensiv editiert wird, wodurch die weitere Prozessierung moduliert wird (Yang, Chendrimada et al. 2006). Darüber hinaus fand die Gruppe von Phil Sharp ebenfalls Editierungsereignisse in der reifen miRNA-Sequenz. Diese beschränken sich allerdings auf die terminalen Bereiche, wobei die Variationen des 3'-Endes dominierten (Yang, Chendrimada et al. 2006). Durch Sequenzieren der genomischen DNA der einzelnen Patienten und Identifikation einer somatischen Mutation konnte ein Editierungsereignis als Ursache dieser Mutation ausgeschlossen werden. Zum Zeitpunkt dieser Arbeit waren lediglich mutierte Bindungsstellen von let-7 in regulatorischen Elementen der KRAS 3'-UTR (Chin, Ratner et al. 2008) bekannt. Diese aberranten Einzelnukleotid-Polymorphismen (SNPs) waren assoziiert mit einem erhöhten Risiko für die Entwicklung von kleinzelligem Lungenkarzinom. Man kennt weiterhin auch Mutationen in flankierenden Bereichen innerhalb der pre-miRs. Diese gehen einher mit einer Beeinträchtigung der miRNA-Maturierung (Calin, Ferracin et al. 2005). Mit der Identifikation der veränderten miR-142-3p konnte in dieser Studie zum ersten Mal auf genomischer Ebene eine somatische Mutation in einem miRNA-Gen innerhalb der kritischen „seed"-Sequenz (Doench and Sharp 2004) nachgewiesen werden. Es ist daher sehr wahrscheinlich, dass diese Mutation Auswirkungen auf das Spektrum der Ziel-mRNAs hat. Interessanterweise erbringt die Vorhersage mit TargetScan dieser Iso-miR, dass ZEB2 ein negativer Regulator des Wnt-Signalwegs zwei zusätzliche potentielle Bindungsmotive enthält und damit ein mögliches Ziel darstellt. Die tatsächliche biologische Relevanz dieser Mutation lässt sich aber ohne umfassende Aufklärung der Häufigkeit insbesonders in Lymphomen nicht bestimmen. Weiterhin ist mittlerweile bekannt, dass AID (activation induced cytidindeaminase), ein Enzym notwendig zur somatischen Hypermutation und „class switch"-Rekombination bei der affinitätssteigernden Antikörpermaturation in B-Zellen die genomische Region von miR-142 als sogenanntes „off-site target" verändert (Robbiani, Bunting et al. 2009). Es ist also denkbar, dass bei einer eingehenden Reihenuntersuchung der genomischen Sequenz von miR-142 in B-Zell-Lymphomen viele verschiedene SNPs ausgemacht werden.

5.2 microRNA-Profile in B-Zell-Lymphomen

Indolente Lymphome

Das eruierte miRNA-Profil in den niedrig-malignen Lymphomen zeigte allgemein geringere Expressionsänderungen als für DLBCLs. Man konnte nur acht miR-Gene bestimmen, die stark (>2-fach) zunahmen und 15, die relativ zur Normalkontrolle abnahmen. Alle überexprimierten miRNAs (s. Tabelle Anhang) ließen sich eindeutig dem indolenten Zustand zuordnen. Diese Gensignatur könnte möglicherweise diskriminatorisches Potential unter den beschriebenen Tumorentitäten besitzen. Von den herabregulierten miRNAs waren, mit Ausnahme von miR-148a, acht in DLBCLs (EBV-) ebenso reprimiert. Die anderen waren wiederum spezifisch für den indolenten Status modifiziert. Einige dieser Vertreter waren bereits mit Karzinogenese verknüpft, zunächst allerdings nicht im Zusammenhang mit Lymphomen. So waren z. B. die hier um 2-4-fach induzierten miR-30d und -b im hepatozellulären Karzinom häufig erhöht und gehen einher mit Tumorinvasion und Metastasierung (Yao, Liang et al. 2009). Im Widerspruch zu anderen Abhandlungen, wo man die in Lungen- und Kolonneoplasien tumorsuppressiv wirkende miR-126 reprimiert findet, ist sie hier dagegen hochreguliert (Guo, Sah et al. 2008). Von den vermindert exprimierten miRNAs sprechen vor allem miR-200c und -b für den indolenten Phänotyp, da beschrieben wurde, dass über die indirekte Kontrolle von E-Cadherin über ZEB1 ein anti-metastasierender Effekt erzielt wird (Hurteau, Carlson et al. 2007). Dennoch ist es zum jetzigen Zeitpunkt schwierig, eine Aussage über die physiologische Bedeutung der restlichen miRNAs in diesem Tumorkontext zu treffen. Im Gegensatz zu der Publikation von Roehle et al., die ebenfalls unter anderem follikuläre Lymphome untersuchten, zeigten sich im Vergleich zu dieser Arbeit keine Übereinstimmungen des Profils hinsichtlich fehlregulierter miRNAs (Roehle, Hoefig et al. 2008). Dies kann zum einen an dem anderen methodischen Ansatz liegen, da quantitive real-time PCR angewendet wurde und dort nur 157 miRNAs detektierbar waren. Zum anderen wurde eine wesentlich größere Stichprobenmenge von n=46 untersucht, die alle Grad I und II (WHO Klassifikation 2001) aufwiesen, wobei Unterschiede zu erwarten wären. Bei unserer Arbeit mit dem massiven Sequenzieransatz konnte das gesamte miRNA-Spektrum umfasst werden. Des Weiteren enthielt unsere Studie nur Gewebe mit Grad II und IIIa. Gemeinsam bei beiden Untersuchungen ist der Einsatz reaktiver Tonsillengewebe als Referenz.

Überraschenderweise finden die Autoren im Gegensatz zu unserer Arbeit untypisch mehr miRNAs reprimiert als umgekehrt, was vermutlich an der niedrigeren Abdeckung des gesamten Expressionsspektrums liegt. Die Abhandlung von Lawrie und Kollegen (Lawrie, Gal et al. 2008) über u. a. follikuläre B-Zell-Lymphome (FL) benutzte die Microarray-Technik mit 464 verfügbaren miRNAs auf 18 Formalin-fixierten Geweben. Als Kontrolle wurden diverse angereicherte B-Zellsubtypen verwendet. Es kann folglich kein direkter Vergleich gezogen werden, da sich die Analyse auf die Korrelation der FL und DLBCL konzentriert und nur erwähnt wird, dass zwischen Normal- und Tumorzustand differenziert wird. Es wird kein alleiniger Bezug der indolenten Lymphome zur Kontrolle genommen, jedoch gruppieren sich FL anhand ihrer miRNA-Expression distinkt im Verhältnis zu DLBCLs.

EBV-negative diffus-großzellige Lymphome

Das Bild bei diffus-großzelligen EBV-negativen B-Zell-Lymphomen war von einer ausgeprägteren miRNA-Deregulation als in den niedrig-malignen Lymphomen. Neben der Stärke der Expressionsmodulation war auch die Anzahl der verschiedenen misregulierten miRNAs, welche die zuvor definierten Einschlusskriterien umfassten, ausgiebiger (s. Abb. 4.6 und Tabelle Anhang). So konnte eine Auswahl von 12 induzierten und 46 reprimierten miRNAs gefunden werden. Generell zeigten polycistronisch transkribierte Gene (z. B. miR-17-92 Cluster) annähernd gleiche Expressionsstärken, und es kann gefolgert werden, dass hier keine nennenswerte Prozessierungsmodulation von Vorläufermolekülen stattfindet. Diffus-großzellige B-Lymphome weisen in aller Regel ausgeprägte chromosomale Aberrationen auf (Lossos 2005), von denen vornehmlich Fusionen des IgH- bzw. von Onkogen-Loci bedeutsam sind. Weniger beachtet wurden lange Zeit die ebenfalls in Tumoren typischen Mikrodeletionen bzw. -Amplifikationen. Diese Bereiche beinhalten häufig auch miRNA-Gene (Calin and Croce 2006; Visone, Rassenti et al. 2009). Es ist daher naheliegend, das gefundene Expressionsmuster mit einer karyotypischen Signatur in Zusammenhang zu bringen. Dennoch kann die Frage, ob der aggressivere Phänotyp dieser Lymphomentität eine Ursache oder die Wirkung der stärkeren miRNA-Fehlregulation ist, mit dem hier zur Verfügung stehendem Datensatz nicht beantwortet werden.

Ein breites Spektrum der überrepräsentierten miRNAs steht in einem gut aufgeklärten Zusammenhang mit Tumorgenese. Neben der onkogenen miR-155 ist al-

Diskussion

len voran der Cluster von miR-17-92 (miR-17, -18a, -19a, -20a, -19b-1; -92-1 und deren Orthologe) hervorzuheben. MirR-17-92 entfaltet sein onkogenes Potential vornehmlich durch ein gegenseitiges Wechselspiel mit dem Prototyp eines Onkogens c-MYC und E2F2 (Aguda, Kim et al. 2008). Außerdem wird der Tumorsuppressor PTEN ebenfalls von miR-17-92 sowie von miR-21 negativ reguliert (Meng, Henson et al. 2007; Xiao, Srinivasan et al. 2008). Die Signifikanz von zwei bekannten Beispielen von Tumorsuppressor-miRNAs, nämlich miR-185 in Lungenkarzinomen (Takahashi, Forrest et al. 2009) und miR-221 (Target-mRNA: c-KIT; Felli, Fontana et al. 2005) bleibt in diesem Kontext offen. Vermutlich spielen jedoch Ko-Expression von miRNAs und Zielgenen sowie die Zelltyp-Spezifität eine bedeutende Rolle.

Aufgrund des großen Umfanges der herunterregulierten miRNAs in dieser Lymphomgruppe können nur vereinzelte Vertreter exemplarisch hervorgehoben werden. So waren, wie bereits oben ausgeführt, die miR-200c/b (Hurteau, Carlson et al. 2007) und die für die B-Zelldifferenzierung kritische miR-150 (Xiao, Calado et al. 2007) vermindert exprimiert. Auch die unterexprimierten und als wachstumshemmend identifizierten miR-145 und -143 passen ins Bild des aggressiven Verhaltens (Akao, Nakagawa et al. 2007). Im Einklang mit der Arbeit von Roehle et al. (2008), die ebenso die miR-Signatur in DLBCLs bestimmt hatte, ergaben sich ebenfalls miR-155 und -106b als induziert, allerdings keine weiteren Übereinstimmungen. Wohingegen wiederum keine der dort gefundenen reduziert exprimierten miRNAs mit unserer Studie bestätigt werden konnten. Diese Unstimmigkeit wird von der Publikation von Lawrie et al. (2008) kompensiert, indem weitgehend kongruent mit den Daten unter anderem miR-223, -150, -223 erniedrigt und miR-155 vermehrt gefunden wurde. Somit entstehen eine noch weitgehend uneinheitliche Momentaufnahme und widersprüchliche Interpretationen, was möglicherweise auf technische Limitationen oder die Heterogenität der Tumore zurückzuführen ist. Weitere Forschungen sollten deshalb aus diesen Gründen vorangetrieben werden.

EBV-positive diffus-großzellige Lymphome

In den EBV-assoziierten DLBCLs zeigte sich eine breite Übereinstimmung mit den nicht viral infizierten Tumoren hinsichtlich der induzierten miRNAs und deren Expressionsniveaus. Das generelle Erscheinungsbild der Fehlexpression war gezeichnet von ähnlich starken Abweichungen wie in DLBCL ohne Epstein-Barr Virus (s. Abb.

4.7). Es wurden acht miRNAs als erhöht und 36 als vermindert erkannt. Es zeigte sich in der Gruppe der aktivierten miRNAs neu miR-424 und -21 (zu DLBCL/EBV-). Auch ist die Expression von miR-185, -17, -17*, -20a, -106b hier gleichermaßen forciert wie im EBV-negativen Status. Wie schon im obigen Abschnitt erwähnt, fanden sich ebenso viele supprimierte miRNAs, auf die im Folgenden nur vereinzelt näher eingegangen werden kann. Identisch mit oben Beschriebenen verhalten sich hier unter anderem die miRNAs 200c/b, wobei diese noch stärker reduziert wurden sowie die miRs-143, -145 und -150. Besonders hervorzuheben ist die deutlich stärkere Repression von miR-200c um das etwa 10-fache. Nur acht von 36 (22%) miRNAs in dieser Gruppe fanden sich nicht deckungsgleich in der EBV-negativen Bank (miR-140-5p, -32, -29b, -361-5p,-30e*, -20b, -378* und -29b) und waren daher auf den ersten Blick Kandidaten für eine mögliche Regulation durch EBV, wobei bei näherer Betrachtung einige nicht den zuvor bestimmten Einschlusskriterien für weitergehende Analysen genügten (s. Kap. 3.3). Es ist daher zu schlussfolgern, dass EBV eine relativ begrenzte, aber spezifische und distinkte Relevanz auf das gesamte miR-Spektrum ausübt. Anhand der hier vorgestellten Daten ist nicht von einer generellen Bedeutung für die miRNA-Biogenese *in situ* auszugehen. Andere Autoren gehen jedoch von einem umfassenden viralen Einfluss auf die zelleigene RNAi-Maschinerie, insbesondere hinsichtlich der Unterdrückung derselben aus (Godshalk, Bhaduri-McIntosh et al. 2008). Im Unterschied dazu handelt es sich bei dieser Arbeit um primäres Tumorgewebe aus immunkompetenten Patienten. Außerdem weisen die bei Godshalk und Ko-Arbeitern benutzen *in vitro* immortalisierten lymphoblastoiden Zelllinien ein Latenztyp III und nicht I (wie im Tumor) auf. Möglicherweise ist dieser reprimierende Effekt bei einer *de novo* Infektion von B-Zellen lediglich ein initiales Ereignis, welches *in situ* unter dem immunologischen Selektionsdruck einer Tumorprogression wieder revidiert wird.

EBV-regulierte zelluläre miRNAs in diffus-großzelligen Lymphomen

Bis dato wurden noch keine direkt vergleichenden Analysen durchgeführt, die die Bedeutung von EBV für die zellleigene RNAi-Maschinerie in DLBLCs untersuchten. Somit generierte man hiermit zum ersten Mal ein EBV-abhängiges globales miRNA-Profil in primären Non-Hodgkin B-Lymphomen (s. Abb. 4.9 und 4.10). Bisherige Untersuchungen beschränkten sich meist auf einzelne miR-Gene vornehmlich im Zell-

Diskussion

kultursystem, anderen epithelial abgeleiteten Karzinomen sowie Hodgkin-Lymphomen. Dabei wurde festgestellt, dass miR-146a durch LMP1 über den NF-κB - Signalweg induziert wird (Motsch, Pfuhl et al. 2007; Cameron, Yin et al. 2008) und somit möglicherweise mit der Interferon-Antwort wechselwirkt. Weiterhin konnte in EBV-konvertierten Burkitt-Lymphom-Zelllinien nachgewiesen werden, dass miR-143 und -145 reprimiert (Akao, Nakagawa et al. 2007) sind, sowie miR-155 ebenso über die Aktivierung von NF-κB gesteuert werden kann (Kluiver, Haralambieva et al. 2006; Mrazek, Kreutmayer et al. 2007; Yin, Wang et al. 2008). Navarro und Kollegen konnten in klassischen Hodgkin-Lymphomen (EBV+) ein Profil von 10 differentiell exprimierten miRNAs herleiten, das allerdings dem hier ermittelten nicht entsprach (Navarro, Gaya et al. 2008). Der Abgleich des Expressionsmusters in EBV-assoziierten Nasopharynxkarzinomen ergab überdies keine Deckungsgleichheit mit unseren Ergebnissen (Zhu, Pfuhl et al. 2009). Zusammen genommen könnte dies jedoch für einen ausgeprägten zelltyp- bzw. gewebsspezifischen Einfluss von EBV auf die zelluläre RNA-Interferenz, beziehungsweise Abhängigkeit vom Latenztyp hindeuten (Cameron, Fewell et al. 2008). Weiterhin können aufgrund der verschiedenen methodologischen Ansätze Varianzen nicht ganz ausgeschlossen werden.

Im Verlauf dieser Arbeit ergaben sich Anhaltspunkte über mögliche durch EBV differentiell regulierte zelluläre miRNAs. Diese Signatur umfasste ein ausgewogenes Spektrum an neun induzierten und sieben supprimierten miRNAs innerhalb der zuvor festgelegten Kriterien auf Basis der Klonierungsfrequenz (s. Abb. 4.9 und 4.10). Einige der gefundenen Kandidaten stehen in einem bereits recht gut beleuchteten Zusammenhang mit der Pathogenese von Lymphomen.

MiRNA-223 lag im EBV-postiven Status relativ gesehen am stärksten induziert vor und ist ein kritischer Faktor für die granulopoietische Differenzierung (Fabbri, Croce et al. 2009). Mit der Demonstration der differentiellen Expression von u. a. miR-223, miR-27a/b, -29a/b/c, -23a/b, -221 und -222 zwischen akuten myeloischen und lymphoblastischen Leukämien, sowie einer Korrelation für das Überleben von den Patienten, unterstreichen die Autoren die Bedeutung dieser Signatur (Wang, Li et al. 2010). Ferner besteht eine autoregulatorische, negative „feed-back"-Schleife zwischen E2F1 und miR-223 in AML resultierend in einem Block der Zellzyklus-Progression. Die weitere Bedeutung einer EBV-vermittelten Induktion bleibt aber unklar. Die erhöhte Expression von miR-199a/b zeigt eine schlechtere Überlebensprognose in AML-Patienten im Vergleich zu niedriger Abundanz (Garzon, Volinia et al.

Diskussion

2008). Des Weiteren konnte nachgewiesen werden, dass miR-199a in Ovarialkarzinomzellen IKKβ (=Aktivator des NF-kB-Weges) blockiert und so zu einer veränderten inflammatorischen Mikroumgebung beiträgt (Chen, Alvero et al. 2008). Von miR-27b, die hier in diesem Kontext etwa 3,5-fach überexprimiert war, weiß man, dass sie die Angiogenese begünstigt. Umgekehrt blockieren die hier reprimierten miRs-221 und -222 diesen Vorgang sowie endotheliale Zellmigration und Zellproliferation (Kuehbacher, Urbich et al. 2008). Ferner wird die EBV-induzierte miR-378 ebenso in einen Kontext der Vaskularisierungsförderung und Tumorwachstum gebracht (Lee, Deng et al. 2007). Gottardo und andere berichten, übereinstimmend mit den hier erzielten Ergebnissen, von einer Überexpression von miR-26a/b, -223, -23a/b, aber interessanterweise von einem gegenteiligen Effekt für miR-221 in Blasen- und Nierenkarzinomen (Gottardo, Liu et al. 2007). Die als Onko-miR geltende miR-23a inhibiert die TGF-β induzierte Tumorsuppression in hepatozellulären Karzinomen (Huang, He et al. 2008) und liegt im EBV-positiven Status induziert vor. Ferner wurde gezeigt, dass diese miRNA EBV-vermittelt in BL-Linien induziert wird, aber abhängig vom Latenztyp III ist (Mrazek, Kreutmayer et al. 2007; Cameron, Fewell et al. 2008). Die gemeinsam um das 8-fach und etwa 2-fache reprimierten Mitglieder miR-20b und -106a des onkogenen Clusters miR-106-363 sind bekannt für ihre Wirkung auf das verankerungsabhängige Zellwachstum in T-Zellleukämien (Landais, Landry et al. 2007). Die Bedeutung ihrer Reduktion in EBV-positiven DLBCLs bleibt vorerst unklar. Ferner konnte der direkte Zusammenhang von miR-20b-Reduktion auf die Anpassung an eine hypoxische Umgebung in Tumoren durch Regulation von HIF1α und VEGF aufgeklärt werden (Lei, Li et al. 2009). Die miRs-151-3p und -29b/c liegen in einer genomisch instabilen Region auf Chromosom 17p und sind deswegen in bestimmten Karyotypen von CLL auch reduziert (Visone, Rassenti et al. 2009). Abschließend muss noch die LMP1-vermittelte Reduktion des Onkogens TCL-1 über miR-29b (Anastasiadou, Vaeth et al. 2009) und MCL-1 (anti-apoptotisches BCL2-Familienmitglied) erwähnt werden (Mott, Kobayashi et al. 2007).

Insgesamt ergeben sich viele Optionen aus dem Muster dieser möglicherweise unter EBV-Einfluss stehenden miRNAs zum Wachstumsvorteil des Virus. Oft scheinen Überschneidungen hinsichtlich der einzelnen Eingriffe in verschiedene Signalwege wie etwa Hypoxie oder NF-kB zu bestehen. Die spezielle Relevanz des Gesamtbildes muss allerdings noch intensiv beforscht werden.

Diskussion

EBV-miRNAs in diffus-großzelligen Lymphomen

EBV war das erste Herpes-Virus, bei dem nachgewiesen wurde, dass es für miRNAs kodiert (Pfeffer, Zavolan et al. 2004). Mittlerweile sind bis zu 25 Vorläufer-Moleküle bekannt, deren Funktionen es zum Großteil noch aufzuklären gilt (s. Kapitel 1.2.3). Übereinstimmend mit vorherigen Abhandlungen konnten miRNAs des BHRF-1-Clusters, in diffus-großzelligen B-Zell-Lymphomen nicht identifiziert werden (s. Abb. 4.11). Dies passt zu der Situation, welche in NPC (Cosmopoulos, Pegtel et al. 2009; Zhu, Pfuhl et al. 2009), Magenkarzinomen (Kim do, Chae et al. 2007), sowie peripheren T-Zelllymphomen (Jun, Hong et al. 2008) gefunden wird. Bisherige Ergebnisse deuten demnach darauf hin, dass die Expression dieses Clusters lediglich im primären unter Immunsuppression stehenden Patienten induziert wird und mit dem Latenzstadium Typ III verknüpft ist. (Cameron, Fewell et al. 2008; Xia, O'Hara et al. 2008). Im Gegensatz zu dieser Studie am diffus-großzelligen B-Zell-Lymphom wurden nur HIV-negative, immunkompetente Individuen eingeschlossen und auch die Tumore selbst wiesen Latenztyp I, ohne Expression von LMP oder EBNA2, auf. Von den miRNAs der BART-Gruppe erschienen in vorliegender Studie alle bisher bekannten miRNAs mit Ausnahme von ebv-miR-15 und -20, was in NPC-Zellen ebenfalls unabhängig bestätigt werden konnte (Lung, Tong et al. 2009). Hervorstechend ist die Tatsache, dass hier die fünf am stärksten vorliegenden ebv-BART-miR-7, -22, -11, -5p, und -16 mehr als die Hälfte aller EBV-miRs ausmachen. Dies deutet auf eine bedeutende Rolle dieser miRNAs als Regulatoren in dieser Lymphomentität hin. Bemerkenswerterweise werden hiervon auch in anderen Arbeiten mit NPCs und NK/T-Zelllymphomen ebv-miR-BART7, -22, und -11 als am höchsten exprimiert geschildert (Zhu, Pfuhl et al. 2009; Motsch et al., unveröffentlicht). Auffällig ist auch das außerordentlich variable Expressions-Muster der individuellen, aber ko-transkribierten Cluster-Mitglieder (Edwards, Marquitz et al. 2008), vor allem zwischen verschiedenen Zelltypen (Pratt, Kuzembayeva et al. 2009). Dieses Merkmal legt eine spezifische und flexible Adaption der miRNA-Prozessierung im jeweiligen Zellkontext nahe. Die hergeleitete Signatur der EBV-miRs in dieser Abhandlung wird somit dennoch zu einem besseren Verständnis der Rolle viraler nicht-kodierender RNAs in der Lymphom-Pathogenese beitragen.

5.3 SIAH1 und c-MYB als Zielstrukturen von miR-155 und -424

Eine miR-155 Überexpression ist mit aggressiver Progression von diffus-großzelligen B-Zell-Lymphomen assoziiert und trägt zur Entwicklung von lymphoiden und myeloiden Erkrankungen bei (Eis, Tam et al. 2005; Costinean, Zanesi et al. 2006; Kluiver, Haralambieva et al. 2006; Rai, Karanti et al. 2008). In dem konstitutiv NF-kB-aktivierten ABC-Subtyp liegt miR-155 ebenfalls vermehrt vor, korreliert dort allerdings mit einer besseren klinischen Prognose (Lawrie, Soneji et al. 2007; Jung and Aguiar 2009). Konsequenterweise kann miR-155 als multifunktionale miRNA beschrieben werden. Mir-155 kann die proliferative Genexpression durch Regulation von SMAD5 (Rai, Kim et al. 2010), SHIP1 (Pedersen, Otero et al. 2009), TP53INP1 (Gironella, Seux et al. 2007) und weiteren Genen modifizieren. Es konnte auch gezeigt werden, dass das Onkogen AID (Perez-Duran, de Yebenes et al. 2007), dass zu genomischer Instabilität und Progression von Lymphomen führt von miR-155 reprimiert wird (Dorsett, McBride et al. 2008; Teng, Hakimpour et al. 2008). Ein direkter Zusammenhang zwischen LMP1 und der damit verknüpften Aktivierung des NF-kB-Signalweges mit der Induktion von miR-155 konnte auch festgestellt werden (Gatto, Rossi et al. 2008; Rahadiani, Takakuwa et al. 2008). Die herausragende Bedeutung dieses vornehmlich onkogen wirkenden Gens wird noch durch die Tatsache der Existenz eines viralen Orthologs des engen Verwandten von EBV, dem Karposi-Sarkom-Herpesvirus (HHV8), betont (Gottwein, Mukherjee et al. 2007). Bislang ist eine solche analoge miRNA in HHV4 (EBV) allerdings noch nicht gefunden worden. Aufgrund dieser Voraussetzungen hätten wir erwartet, dass miR-155 ebenfalls im EBV-positiven Lymphomstatus entsprechend über- oder zumindest gleichmäßig stark exprimiert ist. Diese Erwartung konnte in der Expressionsanalyse mittels Sequenzierung (s. Abb. 4.9) nicht bestätigt werden. Auch nach der Validierung auf qRT-PCR-Ebene an einer größeren Patientenkohorte ergab sich eine ausgewogene Expression in DLBCL-Subentitäten (EBV- vs. +). Bestätigt werden konnte lediglich eine Überexpression im Vergleich zu reaktiven Tonsillen (s. Abb. 13). Ob dieser Effekt auf einem Ungleichgewicht innerhalb der zum Sequenzieren eingesetzten pathologischen Subtypen (s. Tabelle 2, ABC-Typ vs. GC-Typ) beruht, kann weder ausgeschlossen noch verifiziert werden, da ein Teil der EBV-assoziierten Lymphome hierzu nicht ausreichend klassifiziert werden konnte. Es besteht allerdings auch die Möglichkeit, dass die Quantifizierung von miRNAs durch verschiedene Techniken nicht immer unmittelbar vergleichbar sind, wie andere Autoren ebenfalls beobachteten

(Wu, Neilson et al. 2007). Kongruent mit dem qRT-PCR-Resultat auf Primärgewebe war die nur moderate Expressionssteigerung von miR-155 um durchschnittlich 2,4-fach in EBV-Konvertanten der DLBCL-Linie U2932. Ein distinkter Unterschied zwischen den ABC- und GC-Subtypen in DLCBLs hinsichtlich der miR-155-Expression, wie bereits beschrieben (Lawrie, Soneji et al. 2007), konnte hier nicht determiniert werden. Obwohl deren Studie eine größere Stichprobenmenge untersuchte, unterlagen die dortigen Ergebnisse extremen Schwankungen.

MiR-424 stellte den zweiten Hauptaspekt dieser Studie dar, wobei von dieser zurzeit noch nicht sehr viel bekannt ist. Bis dato weiß man, dass miR-424 unter Hypoxie in Trophoblasten herunterreguliert wird (Donker, Mouillet et al. 2007). In CLL geht eine miR-424-Reduktion einher mit der Steigerung von PLAG1, einem in Tumorgenese involvierten Transkriptionsfaktor als direktes Target von miR-424 (Pallasch, Patz et al. 2009). Eine weitere Eigenschaft machte miR-424 für nähere Untersuchungen interessant, da diese von PU.1, einem Monozyten/Makrophagen-Differenzierungsfaktor, induziert wird (Rosa, Ballarino et al. 2007). Dieser Transkriptionsfaktor wiederum kommt selber in einem Multienzymkomplex mit EBNA2 vor (Laux, Adam et al. 1994). Forrest et al. wiesen nach, dass miR-424 unter Phorbolmyristat-Acetat-Behandlung induziert wird, in AML-Zelllinien reprimiert ist und direkt Zellzyklus-Regulatoren beeinflusst, was zu einem G1-Arrest führt (Forrest, Kanamori-Katayama et al. 2009). Insgesamt scheint auf den ersten Blick diese miRNA eher der Differenzierung zu dienen als einer Förderung der Proliferation. Daher war es von Interesse, die genaue Rolle in einem EBV-Lymphomkontext näher auszuleuchten. Ein in sich geschlossenes Bild der Expressionsänderung von miR-424 in Abhängigkeit von EBV in aggressiven Lymphomgeweben mit zwei unabhängigen Techniken, sowie im Zellkultursystem konnte somit ermittelt werden (s. Abb. 4.9, 4.13 und 4.14). Aufgrund dieser Hintergründe erschienen miR-155 und -424 als vielversprechende Kandidaten, um sie einer näheren Charakterisierung zu unterziehen. Zunächst wurde nach potentiellen Zielgenen bioinformatisch gesucht (s. Abb. 4.15). Der gewählte Ansatz einer kombinatorischen *in silico* mRNA-Zielsequenz-Vorhersage mit Literaturquerverweisen erwies sich als erfolgreich, da mit dem darauffolgenden Luciferase-Reportersystem bei zwei von vier klonierten Konstrukten ein signifikant reprimierender Effekt vorlag. Darüber hinaus konnte c-MYB als gemeinsames Ziel der beiden untersuchten miRNAs ermittelt werden (s. Abb. 4.18, 4.19). Auch der Gegenversuch des „knock-outs" prädestinierter miRNA-Bindestellen mit einhergehender Derepression der Luciferase-Aktivität erhärtete die potentiellen Interaktionen. Im Luciferase-Assay von c-MYB mit miR-155 stellte sich eine unerwartete Kooperation der beiden Sequenzmotive heraus. In der Regel sind Bindemotive von miRNAs in Zielgenen voneinander unabhängig (Doench and Sharp 2004). Es gibt allerdings eine Ausnahme von dieser Regel: Liegen mehrere Bindungsmotive auf 3'-UTRs in räumlicher Nähe zwischen 4 und 40nt zueinander, können kooperative Bedingungen hergestellt werden (Grimson, Farh et al. 2007; Saetrom, Heale et al. 2007). Die Distanz in c-MYB der beiden Stellen für miR-155 beträgt jedoch über 390bp. Es sind allerdings noch nicht alle Mechanismen komplett verstanden oder entschlüsselt, wie miRNAs translationale Repression bedingen, und ferner scheint die komplexe Architektur von 3'-UTRs von tieferer funktionaler Bedeutung zu sein (Filipowicz, Bhattacharyya et al. 2008).

In zusätzlichen Kontrollversuchen wurden die erfolgreiche Transfektion (s. Abb. 4.23) von kleinen Oligonukleotiden in U2932-Zellen verifiziert und die *in vitro* Senkung der miR-155 und -424-Expression bewiesen (s. Abb. 4.24). Auch die darauffolgende Inhibition endogener miRNAs in Lymphomzellen untermauerte die Hypothese, dass c-MYB direktes Target von miR-155 und -424, sowie SIAH1 von miR-424 ist, da jeweils eine Steigerung der Proteinmenge durch miR-Inhibition erzielt wurde.

C-MYB ist ein Transkriptionsfaktor und reguliert Gene, die kritisch für Zellproliferation, Maturierung und Differenzierung sind (Gewirtz, Anfossi et al. 1989; Trauth, Mutschler et al. 1994; Sandberg, Sutton et al. 2005). In hämatopoetischen Zellen wird c-MYB für die normale Entwicklungslinie benötigt (Mucenski, McLain et al. 1991). Weiterhin interferiert die Unterbrechung der c-MYB-Expression mit der Zellzyklus-Progression (Taylor, Badiani et al. 1996). Außerdem liegt dieses Onkogen in T-ALL dupliziert vor (Lahortiga, De Keersmaecker et al. 2007). In B-Vorläuferzellen wird dieses Protein sehr stark exprimiert, nach Eintritt in die Reifungsphase herunterreguliert, um anschließend wieder in aktivierten maturen Zellen induziert zu werden. Kürzlich wurde nachgewiesen, dass miR-150 die B-Zelldifferenzierung durch antagonistische Regulation von c-MYB kontrolliert, wobei die Expression dieser beiden Gene während der Maturierung invers miteinander korrelieren (Xiao, Calado et al. 2007). MiR-15a und -16 bilden darüber hinaus einen autoregulatorischen „feedback"-loop mit c-MYB, welcher ebenso kritisch für die Aufrechterhaltung der Hämatopoese ist (Zhao, Kalota et al. 2009). Hervorzuheben ist die Tatsache, dass die miR-15a/16 und miR-424 die gleiche „seed-sequence" Familie teilen. Es könnte daher eine Konkurrenz dieser miRNAs um die Bindungsstellen kommen. Das c-MYB Proto-Onkogen steht also unter der strikten und konzertierten Kontrolle mehrerer miRNAs, unter anderem miR-155 und -424, wie hier gezeigt werden konnte. Angesichts der essentiellen Rolle von miR-155 unter physiologischen Bedingungen zur Aufrechterhaltung der Homoestase von B-Zellen (Rodriguez, Vigorito et al. 2007) trägt dieses interaktive Netzwerk von c-MYB und miRNAs vermutlich zur normalen Funktion und Entwicklung der B-Zellen bei. Der letztendliche Zusammenhang bleibt aber in vorliegender Studie ungeklärt. Ferner ist es auf den ersten Blick kontraintuitiv, dass c-MYB ebenso von der onkogenen miR-155 in Lymphomen reguliert wird. Da aber bekannt ist, dass viele Leukämien und Lymphentitäten quasi in immaturen Stadien ihrer Vorläuferzellen arretiert bleiben (Forrest, Kanamori-Katayama et al. 2009) und infolgedessen proliferieren, ist es wahrscheinlich, dass die hier überexprimierten miR-155 und -424 einen Beitrag zur Entdifferenzierung und Onkogenität liefern. Dieses mögliche Erklärungsmodell ist in Abbildung 5.1 zusammengefasst und passt zu dem Befund, dass auch miR-150 in hiesiger Lymphomentität reprimiert vorlag. Zusätzlich gibt es Indikationen, wonach EBV zumindest partiell *in vitro* die terminale Differenzierung von B-Zellen überwinden kann (Siemer, Kurth et al. 2008). Der hier dargelegte Kontext könnte einen Beitrag zur Erklärung dieses Mechanismus bieten. Allerdings ist es auch möglich, dass die Suppression von c-MYB einen Nutzen für die Tumorpathogenese erbringt. Die hier gezeigte Regulation von c-MYB durch miR-155 könnte lediglich einen weiteren Gesichtspunkt ihrer Multifunktionalität widerspiegeln, und sicherlich greifen weitere Faktoren in dieses komplexe Zusammenspiel mit ein. Andereseits könnte es auch sein, dass c-MYB für EBV oder das Zellwachstum im DLBCL-Kontext nachteilige Gene reguliert und es von Vorteil ist dessen Funktion zu hemmen.

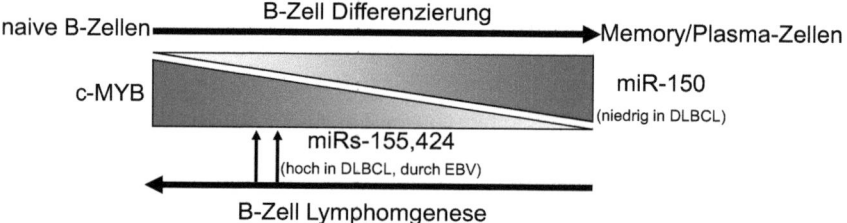

Abbildung 5.1: Modell der Interaktion von c-MYB und miRNAs in B-Zellen. Fehlregulierte mi-RNAs-155 und -424 könnten zur Entdifferenzierung und Lymphomgenese beitragen.

Diskussion

SIAH1 stellt eine p53-indizierbare E3-Ubiquitinligase dar und ist ein Vermittler von Zellzyklus-Arrest, Tumorsuppression und Apoptose (Liu, Stevens et al. 2001; Went, Dirnhofer et al. 2005; Yoshibayashi, Okabe et al. 2007). Es begünstigt unter anderem die Ubiquitin-Proteasom-abhängige Degradation von diversen onkogenen oder anti-apoptotischen Proteinen wie β-Catenin, PEG10 und BAG-1 (Matsuzawa, Takayama et al. 1998; Okabe, Satoh et al. 2003). Von besonderem Interesse im weiteren Verlauf der Arbeit war β-Catenin. Dieses Protein spielt eine wichtige Rolle bei der Transduktion des Wnt-Signales und in der interzellulären Adhäsion durch Bindung an die zytoplasmatische Domäne von Cadherin. Unter Normbedingungen („off-state") wird das zytoplasmatische Niveau durch APC-Genprodukt (adenomatöses polyposis coli) vermittelte Phosphorylierung niedrig gehalten. Das so durch GSK3β phosphorylierte β-Catenin wird dann der proteosomalen Degradation zugeführt. Die Aktivierung des Wnt-Weges („on-state") führt zu Inhibition von GSK3β und resultiert in einer Akkumulation von zytoplasmatischem β-Catenin. Darüber hinaus existiert ein zweiter von einer Phosphorylierung unabhängiger Mechanismus der Degradation, welcher von SIAH1 vermittelt wird (Yoshibayashi, Okabe et al. 2007). Somit kann dieser „on-state" auch durch fehlerhafte SIAH1-Reduktion hergestellt werden. Abnorme Mengen an β-Catenin, besonders im Nukleus bzw. Mutationen dieses Gens spielen eine profunde Rolle bei Zellwachstum und Tumorentstehung. Seit längerem ist bekannt, dass das Epstein-Barr Virus sich diesen Signalweg zu Nutze macht. Es konnte ermittelt werden, dass LMP2A in Epithelzellen über negative Regulation von GSK3β zu einer Akkumulation von β-Catenin führt (Morrison, Klingelhutz et al. 2003). Eine Aktivierung des Wnt-Pathways in Abhängigkeit des zweiten wichtigen EBV-codierten Onkogens LMP1 wird dagegen teilweise noch kontrovers diskutiert (Webb, Connolly et al. 2008; Tomita, Dewan et al. 2009). Der vielseitige Charakter von LMP1 wird interessanterweise auch dadurch verdeutlicht, dass es in epithelialen (NPC) Zellen die Expression von SIAH1 induziert, indem seine Stabilität auf posttranslationaler Ebene gefördert wird (Kondo, Seo et al. 2006). In B-Zellen (BLs Latenztyp III) dagegen kommt es zu einer Inhibition von SIAH1 mit darauffolgender Anhäufung von β-Catenin. Der genaue Mechanismus dieser Induktion bleibt fraglich, jedoch postulieren die Autoren eine transkriptionelle Regulation von SIAH1 durch LMP1. In dieser Arbeit konnte aufgeklärt werden, dass miR-424 sowohl in primären EBV-positiven DLBCLs (Latenztyp I) als auch in davon abgeleiteten Zelllinien überrepräsentiert vorliegt (Latenz II/III) und ferner die Proteinmenge von SIAH1 reprimiert wird. Dies sollte

Diskussion

nach der zuvor dargelegten Hypothese zu einer Akkumulation von β-Catenin führen. Dieser direkte Nachweis in ein- und demselben Experiment konnte nicht erbracht werden, was vermutlich an der zu geringen Sensitivität des Western-Blots zusammen mit dem inhibitorischen Potentials des Dreistufen-Schritts (s. Abb. 4.26: 1. Transfektion, 2. SIAH1-Rekonstitution, 3. Anhäufung von β-Catenin) lag. Mit der Überexpression von miR-424 durch Einbringen von Vorläufermolekülen konnte eine Akkumulation von β-Catenin erreicht werden und somit indirekt ein Zusammenhang hergestellt werden. Eine Übersicht über dieses Denkmodell gibt Abbildung 5.2.

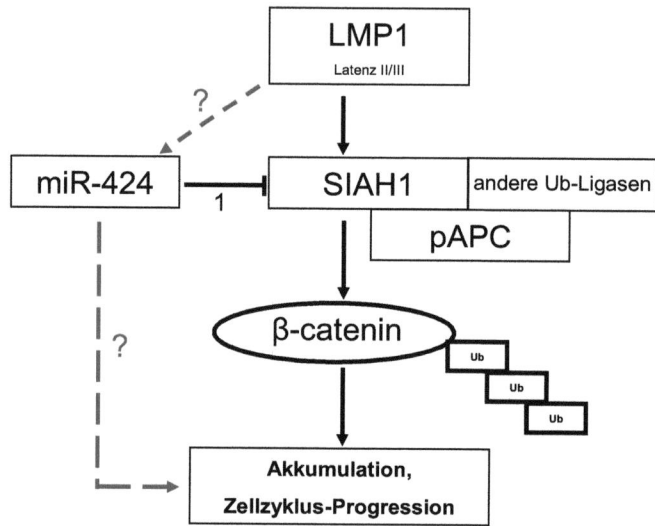

Abbildung 5.2: Modell zur potentiellen Regulation des Wnt-Signalweges (nicht-klassisch) von miR-424 über die E3-Ubiquitin-Ligase SIAH1 in B-Zellen. (Erklärung s. Text). 1 = in dieser Arbeit ermittelte Repression.

Ferner liegt es nahe, über eine direkte Induktion von miR-424 durch LMP1 zu spekulieren, da schon bekannt ist, dass miR-424 im Latenzstadium III überexprimiert ist (Cameron, Fewell et al. 2008). Zwar scheint es eine EBV-abhängige Korrelation zu geben, allerdings keine ausschließlich vom Latenztyp bzw. durch LMP1-bedingte Überexpression von miR-424 zu bestehen. Vermutlich stellen aufgrund dessen auch miR-424 und LMP1 nicht die einzigen (EBV)-Faktoren bei der Modulation von β-Catenin in B-Zellen dar. Dennoch konnte mit diesem Ergebnis einer EBV-regulierten zellulären miRNA ein zusätzlicher Erklärungsansatz für das onkogene Potential dieses Virus in diffus-großzelligen B-Zell-Lymphomen geliefert werden.

5.4 Ausblick

Die im Verlauf dieser Arbeit gewonnenen Erkenntnisse können als Ausgangspunkt für weitergehende Fragestellungen dienen. Mit dem globalen Sequenzieransatz konnte ein komplexes Muster fehlregulierter miRNAs in verschiedenen B-Lymphomentitäten identifiziert werden. Die miRNA-Signatur follikulärer Lymphomen zeigte eine gewisse Ähnlichkeit zu der Expression in Kontrollgeweben. Es wäre notwendig, dieses Profil zu validieren und die Funktion dieser miRNAs sowie deren Bedeutung für den milderen Phänotyp der Erkrankung näher zu determinieren (z. B. sind weniger Onkogene durch tumorsuppressive miRNAs aktiviert?).

Die Hoffnung, mit einem Klonierungsverfahren *de novo* miRNAs und insbesondere EBV-kodierte zu identifizieren, erfüllte sich zwar nicht, jedoch konnte eine somatisch mutierte Variante von miR-142-3p entdeckt werden. Diese könnte ein divergierendes Targetspektrum abdecken und unterschiedliche Signalwege modulieren. Es gilt nun herauszufinden, wie relevant diese Mutation ist, indem ihre Häufigkeit bestimmt wird. In einem zweiten Schritt ist es sinnvoll, nach potentiellen Zielgenen weiter zu suchen.

Von den miRNA-Profilen der aggressiven DLBCLs konnte im Rahmen dieser Arbeit lediglich ein Bruchteil näher untersucht werden. Dies bedeutet natürlich nicht, dass die anderen fehlregulierten zellulären miRNAs und insbesondere jene, die durch die Anwesenheit von EBV reguliert scheinen, ohne Signifikanz für die Pathogenese sind.

Von eminenter Bedeutung für die Etablierung einer Persistenz und infolgedessen gesteigerter Onkogenese könnten die EBV-miRNAs sein. Die von dem gesamten Umfang der potentiell 50 kodierten reifen miRNAs umfassten die fünf am stärksten exprimierten mehr als 50%. Folglich kann man davon ausgehen, dass diesen eine besondere Funktion zukommt. Man sollte daher deren relevante Zielstrukturen näher analysieren und den antizipierten Vorteil für das Virus bestimmen.

Auch die Regulation von c-MYB durch miR-155 bzw. miR-424 sollte nicht außer Acht gelassen werden, um die Konsequenzen zum Beispiel für das Differenzierungsverhalten der B-Zellen zu bestimmen. Welche Auswirkung hat etwa dieser regulatorische Mechanismus auf typische GC- oder prä-B-Zellmarker?

MiRNA-424 erwies sich in dieser Tumorentität als durch EBV reguliert. Eine Promoter-Analyse zur Identifikation der verantwortlichen Transkriptionsfaktoren kann dies in Einklang mit dem Latenzstadium bringen. Da ein Einfluss von miR-424 auf

SIAH1 gezeigt werden konnte, muss zunächst konkret der direkte Beweis erbracht werden, dass miR-424 über SIAH1-Reduktion die Akkumulation von β-Catenin unterstützt. Kann diese Interaktion möglicherweise die Proliferation oder sogar die Tumorprogression von B-Zellen *in vivo* fördern? Ferner kann man in DLBCLs (EBV+/-) eine Korrelation zwischen den gemessenen miRNA- (miR-155 und -424) und der Protein-Expression ihrer Ziele c-MYB und SIAH1 und möglicherweise eine klinische Relevanz herstellen.

Langfristig gesehen könnten die hier gewonnenen Erkenntnisse als Grundlage prognostischer oder diagnostischer Möglichkeiten, sowie zu verbesserten Therapieansätzen in EBV-assoziierten diffus-großzelligen B-Zell-Lymphomen führen.

6 Literaturverzeichnis

Aguda, B. D., Y. Kim, et al. (2008). "MicroRNA regulation of a cancer network: consequences of the feedback loops involving miR-17-92, E2F, and Myc." Proc Natl Acad Sci U S A **105**(50): 19678-83.

Akao, Y., Y. Nakagawa, et al. (2007). "Downregulation of microRNAs-143 and -145 in B-cell malignancies." Cancer Sci **98**(12): 1914-20.

Alber, G., K. M. Kim, et al. (1993). "Molecular mimicsry of the antigen receptor signalling motif by transmembrane proteins of the Epstein-Barr virus and the bovine leukaemia virus." Curr Biol **3**(6): 333-9.

Alizadeh, A. A., M. B. Eisen, et al. (2000). "Distinct types of diffuse large B-cell lymphoma identified by gene expression profiling." Nature **403**(6769): 503-511.

Allday, M. J., D. H. Crawford, et al. (1989). "Epstein-Barr virus latent gene expression during the initiation of B cell immortalization." J Gen Virol **70** (Pt 7): 1755-1764.

Altschul, S. F., T. L. Madden, et al. (1997). "Gapped BLAST and PSI-BLAST: a new generation of protein database search programs." Nucleic Acids Res **25**(17): 3389-402.

Amini, R. M., M. Berglund, et al. (2002). "A novel B-cell line (U-2932) established from a patient with diffuse large B-cell lymphoma following Hodgkin lymphoma." Leuk Lymphoma **43**(11): 2179-89.

Anagnostopoulos, I. and H. Stein (2000). "[Large B-cell lymphomas: variants and entities]." Pathologe **21**(2): 178-89.

Anastasiadou, E., S. Vaeth, et al. (2009). "Epstein-Barr virus infection leads to partial phenotypic reversion of terminally differentiated malignant B cells." Cancer Lett **284**(2): 165-174.

Anderson, L. J. and R. Longnecker (2008). "EBV LMP2A provides a surrogate pre-B cell receptor signal through constitutive activation of the ERK/MAPK pathway." J Gen Virol **89**(Pt 7): 1563-8.

Babcock, G. J. and D. A. Thorley-Lawson (2000). "Tonsillar memory B cells, latently infected with Epstein-Barr virus, express the restricted pattern of latent genes previously found only in Epstein-Barr virus-associated tumors." Proc Natl Acad Sci U S A **97**(22): 12250-12255.

Babcock, G. J., D. Hochberg, et al. (2000). "The expression pattern of Epstein-Barr virus latent genes in vivo is dependent upon the differentiation stage of the infected B cell." Immunity **13**(4): 497-506.

Baer, R., A. T. Bankier, et al. (1984). "DNA sequence and expression of the B95-8 Epstein-Barr virus genome." Nature **310**(5974): 207-11.

Bartel, D. P. (2004). "MicroRNAs: genomics, biogenesis, mechanism, and function." Cell **116**(2): 281-97.

Bartel, D. P. and C. Z. Chen (2004). "Micromanagers of gene expression: the potentially widespread influence of metazoan microRNAs." Nat Rev Genet **5**(5): 396-400.

Barth, S., T. Pfuhl, et al. (2008). "Epstein-Barr virus-encoded microRNA miR-BART2 down-regulates the viral DNA polymerase BALF5." Nucleic Acids Res **36**(2): 666-75.

Berninger, P., D. Gaidatzis, et al. (2008). "Computational analysis of small RNA cloning data." Methods **44**(1): 13-21.

Boccellato, F., E. Anastasiadou, et al. (2007). "EBNA2 interferes with the germinal center phenotype by downregulating BCL6 and TCL1 in non-Hodgkin's lymphoma cells." J Virol **81**(5): 2274-2282.

Brown, K. D., B. S. Hostager, et al. (2001). "Differential signaling and tumor necrosis factor receptor-associated factor (TRAF) degradation mediated by CD40 and the Epstein-Barr virus oncoprotein latent membrane protein 1 (LMP1)." J Exp Med **193**(8): 943-954.

Burnette, W. N. (1981). ""Western blotting": electrophoretic transfer of proteins from sodium dodecyl sulfate--polyacrylamide gels to unmodified nitrocellulose and radiographic detection with antibody and radioiodinated protein A." Anal Biochem **112**(2): 195-203.

Cai, X., A. Schafer, et al. (2006). "Epstein-Barr virus microRNAs are evolutionarily conserved and differentially expressed." PLoS Pathog **2**(3): e23.

Calin, G. A., A. Cimmino, et al. (2008). "MiR-15a and miR-16-1 cluster functions in human leukemia." Proc Natl Acad Sci U S A **105**(13): 5166-71.

Calin, G. A. and C. M. Croce (2006). "MicroRNA signatures in human cancers." Nat Rev Cancer **6**(11): 857-66.

Calin, G. A., M. Ferracin, et al. (2005). "A MicroRNA signature associated with prognosis and progression in chronic lymphocytic leukemia." N Engl J Med **353**(17): 1793-801.

Calin, G. A., C. G. Liu, et al. (2004). "MicroRNA profiling reveals distinct signatures in B cell chronic lymphocytic leukemias." Proc Natl Acad Sci U S A **101**(32): 11755-60.

Cameron, J. E., C. Fewell, et al. (2008). "Epstein-Barr virus growth/latency III program alters cellular microRNA expression." Virology **382**(2): 257-66.

Cameron, J. E., Q. Yin, et al. (2008). "Epstein-Barr virus latent membrane protein 1 induces cellular MicroRNA miR-146a, a modulator of lymphocyte signaling pathways." J Virol **82**(4): 1946-58.

Canaan, A., I. Haviv, et al. (2009). "EBNA1 regulates cellular gene expression by binding cellular promoters." Proc Natl Acad Sci U S A **106**(52): 22421-22426.

Carel, J. C., B. L. Myones, et al. (1990). "Structural requirements for C3d,g/Epstein-Barr virus receptor (CR2/CD21) ligand binding, internalization, and viral infection." J Biol Chem **265**(21): 12293-12299.

Chapman, A. L. and A. B. Rickinson (1998). "Epstein-Barr virus in Hodgkin's disease." Ann Oncol **9 Suppl 5**: S5-16.

Chen, R., A. B. Alvero, et al. (2008). "Regulation of IKKbeta by miR-199a affects NF-kappaB activity in ovarian cancer cells." Oncogene **27**(34): 4712-23.

Chin, L. J., E. Ratner, et al. (2008). "A SNP in a let-7 microRNA complementary site in the KRAS 3' untranslated region increases non-small cell lung cancer risk." Cancer Res **68**(20): 8535-8540.

Chomczynski, P. and N. Sacchi (1987). "Single-step method of RNA isolation by acid guanidinium thiocyanate-phenol-chloroform extraction." Anal Biochem **162**(1): 156-9.

Cimmino, A., G. A. Calin, et al. (2005). "miR-15 and miR-16 induce apoptosis by targeting BCL2." Proc Natl Acad Sci U S A **102**(39): 13944-13949.

Cohen, J. I. (2000). "Epstein-Barr virus infection." N Engl J Med **343**(7): 481-92.

Cosmopoulos, K., M. Pegtel, et al. (2009). "Comprehensive profiling of Epstein-Barr virus microRNAs in nasopharyngeal carcinoma." J Virol **83**(5): 2357-2367

Costinean, S., N. Zanesi, et al. (2006). "Pre-B cell proliferation and lymphoblastic leukemia/high-grade lymphoma in E(mu)-miR155 transgenic mice." Proc Natl Acad Sci U S A **103**(18): 7024-7029.

Croce, C. M. (2009). "Causes and consequences of microRNA dysregulation in cancer." Nat Rev Genet **10**(10): 704-14.

Delecluse, H. J., R. Feederle, et al. (2007). "Epstein Barr virus-associated tumours: an update for the attention of the working pathologist." J Clin Pathol **60**(12): 1358-64.

Doench, J. G. and P. A. Sharp (2004). "Specificity of microRNA target selection in translational repression." Genes Dev **18**(5): 504-11.

Donker, R. B., J. F. Mouillet, et al. (2007). "The expression of Argonaute2 and related microRNA biogenesis proteins in normal and hypoxic trophoblasts." Mol Hum Reprod **13**(4): 273-9.

Dorsett, Y., K. M. McBride, et al. (2008). "MicroRNA-155 suppresses activation-induced cytidine deaminase-mediated Myc-Igh translocation." Immunity **28**(5): 630-8.

DuBridge, R. B., P. Tang, et al. (1987). "Analysis of mutation in human cells by using an Epstein-Barr virus shuttle system." Mol Cell Biol **7**(1): 379-87.

Edwards, R. H., A. R. Marquitz, et al. (2008). "Epstein-Barr virus BART microRNAs are produced from a large intron prior to splicing." J Virol **82**(18): 9094-106.

Eis, P. S., W. Tam, et al. (2005). "Accumulation of miR-155 and BIC RNA in human B cell lymphomas." Proc Natl Acad Sci U S A **102**(10): 3627-32.

Ender, C., A. Krek, et al. (2008). "A human snoRNA with microRNA-like functions." Mol Cell **32**(4): 519-528.

Epstein, M. A., B. G. Achong, et al. (1964). "Virus Particles in Cultured Lymphoblasts from Burkitt's Lymphoma." Lancet **1**(7335): 702-3.

Epstein, M. A. and Y. M. Barr (1964). "Cultivation in Vitro of Human Lymphoblasts from Burkitt's Malignant Lymphoma." Lancet **1**(7327): 252-3.

Evans, A. S. (1978). "Infectious mononucleosis and related syndromes." Am J Med Sci **276**(3): 325-39.

Evans, A. S. (1982). "The clinical illness promotion factor: a third ingredient." Yale J Biol Med **55**(3-4): 193-9.

Fabbri, M., C. M. Croce, et al. (2009). "MicroRNAs in the ontogeny of leukemias and lymphomas." Leuk Lymphoma **50**(2): 160-70.

Felli, N., L. Fontana, et al. (2005). "MicroRNAs 221 and 222 inhibit normal erythropoiesis and erythroleukemic cell growth via kit receptor down-modulation." Proc Natl Acad Sci U S A **102**(50): 18081-18086.

Felton-Edkins, Z. A., A. Kondrashov, et al. (2006). "Epstein-Barr virus induces cellular transcription factors to allow active expression of EBER genes by RNA polymerase III." J Biol Chem **281**(45): 33871-33880

Filipowicz, W., S. N. Bhattacharyya, et al. (2008). "Mechanisms of post-transcriptional regulation by microRNAs: are the answers in sight?" Nat Rev Genet **9**(2): 102-14.

Fingeroth, J. D., J. J. Weis, et al. (1984). "Epstein-Barr virus receptor of human B lymphocytes is the C3d receptor CR2." Proc Natl Acad Sci U S A **81**(14): 4510-4.

Flynt, A. S. and E. C. Lai (2008). "Biological principles of microRNA-mediated regulation: shared themes amid diversity." Nat Rev Genet **9**(11): 831-42.

Forrest, A. R., M. Kanamori-Katayama, et al. (2009). "Induction of microRNAs, mir-155, mir-222, mir-424 and mir-503, promotes monocytic differentiation through combinatorial regulation." Leukemia.

Friedlander, M. R., W. Chen, et al. (2008). "Discovering microRNAs from deep sequencing data using miRDeep." Nat Biotechnol **26**(4): 407-15.

Fries, K. L., T. B. Sculley, et al. (1997). "Identification of a novel protein encoded by the BamHI A region of the Epstein-Barr virus." J Virol **71**(4): 2765-2771.

Fukayama, M., R. Hino, et al. (2008). "Epstein-Barr virus and gastric carcinoma: virus-host interactions leading to carcinoma." Cancer Sci **99**(9): 1726-33.

Garzon, R., S. Volinia, et al. (2008). "MicroRNA signatures associated with cytogenetics and prognosis in acute myeloid leukemia." Blood **111**(6): 3183-9.

Gatto, G., A. Rossi, et al. (2008). "Epstein-Barr virus latent membrane protein 1 trans-activates miR-155 transcription through the NF-kappaB pathway." Nucleic Acids Res **36**(20): 6608-19.

Gewirtz, A. M., G. Anfossi, et al. (1989). "G1/S transition in normal human T-lymphocytes requires the nuclear protein encoded by c-MYB." Science **245**(4914): 180-3.

Gironella, M., M. Seux, et al. (2007). "Tumor protein 53-induced nuclear protein 1 expression is repressed by miR-155, and its restoration inhibits pancreatic tumor development." Proc Natl Acad Sci U S A **104**(41): 16170-5.

Godshalk, S. E., S. Bhaduri-McIntosh, et al. (2008). "Epstein-Barr virus-mediated dysregulation of human microRNA expression." Cell Cycle **7**(22): 3595-600.

Gottardo, F., C. G. Liu, et al. (2007). "Micro-RNA profiling in kidney and bladder cancers." Urol Oncol **25**(5): 387-92.

Gottwein, E., N. Mukherjee, et al. (2007). "A viral microRNA functions as an orthologue of cellular miR-155." Nature **450**(7172): 1096-1099.

Greenspan, J. S., D. Greenspan, et al. (1985). "Replication of Epstein-Barr virus within the epithelial cells of oral "hairy" leukoplakia, an AIDS-associated lesion." N Engl J Med **313**(25): 1564-1571.

Grimson, A., K. K. Farh, et al. (2007). "MicroRNA targeting specificity in mammals: determinants beyond seed pairing." Mol Cell **27**(1): 91-105.

Gruhne, B., R. Sompallae, et al. (2009). "The Epstein-Barr virus nuclear antigen-1 promotes genomic instability via induction of reactive oxygen species." Proc Natl Acad Sci U S A **106**(7): 2313-8.

Grundhoff, A., C. S. Sullivan, et al. (2006). "A combined computational and microarray-based approach identifies novel microRNAs encoded by human gamma-herpesviruses." RNA **12**(5): 733-50.

Guo, C., J. F. Sah, et al. (2008). "The noncoding RNA, miR-126, suppresses the growth of neoplastic cells by targeting phosphatidylinositol 3-kinase signaling and is frequently lost in colon cancers." Genes Chromosomes Cancer **47**(11): 939-46.

Hammerschmidt, W. and B. Sugden (1989). "Genetic analysis of immortalizing functions of Epstein-Barr virus in human B lymphocytes." Nature **340**(6232): 393-397.

Hausser, J., P. Berninger, et al. (2009). "MirZ: an integrated microRNA expression atlas and target prediction resource." Nucleic Acids Res **37**(Web Server issue): W266-272.

He, L. and G. J. Hannon (2004). "MicroRNAs: small RNAs with a big role in gene regulation." Nat Rev Genet **5**(7): 522-31.

Henle, G., W. Henle, et al. (1968). "Relation of Burkitt's tumor-associated herpes-ytpe virus to infectious mononucleosis." Proc Natl Acad Sci U S A **59**(1): 94-101.

Heslop, H. E. (2005). "Biology and treatment of Epstein-Barr virus-associated non-Hodgkin lymphomas." Hematology Am Soc Hematol Educ Program: 260-6.

Ho, J. H. C. (1991). "Epidemiology of Nasopharyngeal Carcinoma (Npc)." Epstein-Barr Virus and Human Disease - 1990: R41-R44 455.

Huang, S., X. He, et al. (2008). "Upregulation of miR-23a approximately 27a approximately 24 decreases transforming growth factor-beta-induced tumor-suppressive activities in human hepatocellular carcinoma cells." Int J Cancer **123**(4): 972-978.

Hurteau, G. J., J. A. Carlson, et al. (2007). "Overexpression of the microRNA hsa-miR-200c leads to reduced expression of transcription factor 8 and increased expression of E-cadherin." Cancer Res **67**(17): 7972-6.

Iorio, M. V., M. Ferracin, et al. (2005). "MicroRNA gene expression deregulation in human breast cancer." Cancer Res **65**(16): 7065-70.

Jang, K. L., J. Shackelford, et al. (2005). "Up-regulation of beta-catenin by a viral oncogene correlates with inhibition of the seven in absentia homolog 1 in B lymphoma cells." Proc Natl Acad Sci U S A **102**(51): 18431-6.

Janz, A., M. Oezel, et al. (2000). "Infectious Epstein-Barr virus lacking major glycoprotein BLLF1 (gp350/220) demonstrates the existence of additional viral ligands." J Virol **74**(21): 10142-52.

Jimenez-Velasco, A., J. Roman-Gomez, et al. (2005). "Downregulation of the large tumor suppressor 2 (LATS2/KPM) gene is associated with poor prognosis in acute lymphoblastic leukemia." Leukemia **19**(12): 2347-50.

Johnson, S. M., H. Grosshans, et al. (2005). "RAS is regulated by the let-7 microRNA family." Cell **120**(5): 635-647.

Jun, S. M., Y. S. Hong, et al. (2008). "Viral microRNA profile in Epstein-Barr virus-associated peripheral T cell lymphoma." Br J Haematol **142**(2): 320-3.

Jung, I. and R. C. Aguiar (2009). "MicroRNA-155 expression and outcome in diffuse large B-cell lymphoma." Br J Haematol **144**(1): 138-40.

Kieff, E. (1996). "in *Fields Virology*." *Fields Virology*: 2343–2396.

Kieff, E., Rickinson, AB (2007). "Epstein-Barr Virus and Its Replication." Fields Virology: pp. 2603-2654.

Kienzle, N., M. Buck, et al. (1999). "Epstein-Barr virus-encoded RK-BARF0 protein expression." J Virol **73**(10): 8902-6.

Kim do, N., H. S. Chae, et al. (2007). "Expression of viral microRNAs in Epstein-Barr virus-associated gastric carcinoma." J Virol **81**(2): 1033-6.

Kitagawa, N., M. Goto, et al. (2000). "Epstein-Barr virus-encoded poly(A)(-) RNA supports Burkitt's lymphoma growth through interleukin-10 induction." EMBO J **19**(24): 6742-6750

Klein, G., B. Sugden, et al. (1974). "Infection of EBV-genome-negative and -positive human lymphoblastoid cell lines with biologically different preparations of EBV." Intervirology **3**(4): 232-44.

Kluiver, J., E. Haralambieva, et al. (2006). "Lack of BIC and microRNA miR-155 expression in primary cases of Burkitt lymphoma." Genes Chromosomes Cancer **45**(2): 147-153.

Kondo, S., S. Y. Seo, et al. (2006). "EBV latent membrane protein 1 up-regulates hypoxia-inducible factor 1alpha through Siah1-mediated down-regulation of prolyl hydroxylases 1 and 3 in nasopharyngeal epithelial cells." Cancer Res **66**(20): 9870-9877.

Kota, J., R. R. Chivukula, et al. (2009). "Therapeutic microRNA delivery suppresses tumorigenesis in a murine liver cancer model." Cell **137**(6): 1005-17.

Krek, A., D. Grun, et al. (2005). "Combinatorial microRNA target predictions." Nat Genet **37**(5): 495-500.

Kuchenbauer, F., R. D. Morin, et al. (2008). "In-depth characterization of the microRNA transcriptome in a leukemia progression model." Genome Res **18**(11): 1787-97.

Kuehbacher, A., C. Urbich, et al. (2008). "Targeting microRNA expression to regulate angiogenesis." Trends Pharmacol Sci **29**(1): 12-5.

Kulwichit, W., R. H. Edwards, et al. (1998). "Expression of the Epstein-Barr virus latent membrane protein 1 induces B cell lymphoma in transgenic mice." Proc Natl Acad Sci U S A **95**(20): 11963-8.

Kumar, M. S., J. Lu, et al. (2007). "Impaired microRNA processing enhances cellular transformation and tumorigenesis." Nat Genet 39(5): 673-7.

Kuppers, R. (2003). "B cells under influence: transformation of B cells by Epstein-Barr virus." Nat Rev Immunol 3(10): 801-812.

Kushner, S. R. (1979). "An improved method for transformation of E. coli with ColE1-derived plasmids " Genetic Engineering 17-23.

Kuze, T., N. Nakamura, et al. (2000). "The characteristics of Epstein-Barr virus (EBV)-positive diffuse large B-cell lymphoma: comparison between EBV(+) and EBV(-) cases in Japanese population." Jpn J Cancer Res 91(12): 1233-1240.

Laemmli, U. K. (1970). "Cleavage of structural proteins during the assembly of the head of bacteriophage T4." Nature 227(5259): 680-5.

Lahortiga, I., K. De Keersmaecker, et al. (2007). "Duplication of the MYB oncogene in T cell acute lymphoblastic leukemia." Nat Genet 39(5): 593-5.

Landais, S., S. Landry, et al. (2007). "Oncogenic potential of the miR-106-363 cluster and its implication in human T-cell leukemia." Cancer Res 67(12): 5699-5707.

Laux, G., B. Adam, et al. (1994). "The Spi-1/PU.1 and Spi-B ets family transcription factors and the recombination signal binding protein RBP-J kappa interact with an Epstein-Barr virus nuclear antigen 2 responsive cis-element." EMBO J 13(23): 5624-5632.

Lawrie, C. H., S. Soneji, et al. (2007). "MicroRNA expression distinguishes between germinal center B cell-like and activated B cell-like subtypes of diffuse large B cell lymphoma." Int J Cancer 121(5): 1156-61.

Lawrie CH., S. Gal, et al. (2008). "Detection of elevated levels of tumour-associated microRNAs in serum of patients with diffuse large B-cell lymphoma." Br J Haematol 141: 672-675.

Lawrie CH, J. Chi, et al. (2009) "Expression of microRNAs in diffuse large B cell lymphoma is associated with immunophenotype, survival and transformation from follicular lymphoma". J Cell Mol Med 13: 1248-1260.

Lederberg, E. M. and S. N. Cohen (1974). "Transformation of Salmonella typhimurium by plasmid deoxyribonucleic acid." J Bacteriol 119(3): 1072-4.

Lee, D. Y., Z. Deng, et al. (2007). "MicroRNA-378 promotes cell survival, tumor growth, and angiogenesis by targeting SuFu and Fus-1 expression." Proc Natl Acad Sci U S A 104(51): 20350-20355.

Lei, Z., B. Li, et al. (2009). "Regulation of HIF-1alpha and VEGF by miR-20b tunes tumor cells to adapt to the alteration of oxygen concentration." PLoS One 4(10): e7629.

Lenoir, G. M., M. Vuillaume, et al. (1985). "The use of lymphomatous and lymphoblastoid cell lines in the study of Burkitt's lymphoma." IARC Sci Publ(60): 309-18.

Lewin, N., P. Aman, et al. (1990). "Epstein-Barr virus-carrying B cells in the blood during acute infectious mononucleosis give rise to lymphoblastoid lines in vitro by release of transforming virus and by proliferation." Immunol Lett **26**(1): 59-65.

Licatalosi, D. D., A. Mele, et al. (2008). "HITS-CLIP yields genome-wide insights into brain alternative RNA processing." Nature **456**(7221): 464-9.

Liu, F., T. K. Jenssen, et al. (2007). "Comparison of hybridization-based and sequencing-based gene expression technologies on biological replicates." BMC Genomics **8**: 153.

Liu, J., J. Stevens, et al. (2001). "Siah-1 mediates a novel beta-catenin degradation pathway linking p53 to the adenomatous polyposis coli protein." Mol Cell **7**(5): 927-36.

Livak, K. J. and T. D. Schmittgen (2001). "Analysis of relative gene expression data using real-time quantitative PCR and the 2(-Delta Delta C(T)) Method." Methods **25**(4): 402-8.

Lo, A. K., K. F. To, et al. (2007). "Modulation of LMP1 protein expression by EBV-encoded microRNAs." Proc Natl Acad Sci U S A **104**(41): 16164-9.

Lossos, I. S. (2005). "Molecular pathogenesis of diffuse large B-cell lymphoma." J Clin Oncol **23**(26): 6351-7.

Lu, J., G. Getz, et al. (2005). "MicroRNA expression profiles classify human cancers." Nature **435**(7043): 834-8.

Lung, R. W., J. H. Tong, et al. (2009). "Modulation of LMP2A expression by a newly identified Epstein-Barr virus-encoded microRNA miR-BART22." Neoplasia **11**(11): 1174-84.

Lyons, S. F. and D. N. Liebowitz (1998). "The roles of human viruses in the pathogenesis of lymphoma." Seminars in Oncology **25**(4): 461-475.

Mannick, J. B., J. I. Cohen, et al. (1991). "The Epstein-Barr virus nuclear protein encoded by the leader of the EBNA RNAs is important in B-lymphocyte transformation." J Virol **65**(12): 6826-6837.

Margulies, M., M. Egholm, et al. (2005). "Genome sequencing in microfabricated high-density picolitre reactors." Nature **437**(7057): 376-80.

Marshall, D. and C. Sample (1995). "Epstein-Barr virus nuclear antigen 3C is a transcriptional regulator." J Virol **69**(6): 3624-30.

Matsuzawa, S., S. Takayama, et al. (1998). "p53-inducible human homologue of Drosophila seven in absentia (Siah) inhibits cell growth: suppression by BAG-1." EMBO J **17**(10): 2736-2747.

Mayer, J., Reischl, U., Schwarzmann, F. and Wolf, H. (1993). "Pathobiology and Epstein-Barr virus related diseases." Biotest Bulletin **5**: 3-12.

Mendell, J. T. (2005). "MicroRNAs: critical regulators of development, cellular physiology and malignancy." Cell Cycle **4**(9): 1179-84.

Mendell, J. T. (2008). "miRiad roles for the miR-17-92 cluster in development and disease." Cell **133**(2): 217-22.

Meng, F., R. Henson, et al. (2007). "MicroRNA-21 regulates expression of the PTEN tumor suppressor gene in human hepatocellular cancer." Gastroenterology **133**(2): 647-658.

Merchant, M., R. Swart, et al. (2001). "The effects of the Epstein-Barr virus latent membrane protein 2A on B cell function." Int Rev Immunol **20**(6): 805-35.

Middeldorp, J. M. and D. M. Pegtel (2008). "Multiple roles of LMP1 in Epstein-Barr virus induced immune escape." Semin Cancer Biol **18**(6): 388-96.

Miller, C. L., A. L. Burkhardt, et al. (1995). "Integral membrane protein 2 of Epstein-Barr virus regulates reactivation from latency through dominant negative effects on protein-tyrosine kinases." Immunity **2**(2): 155-66.

Morgan, D. G., J. C. Niederman, et al. (1979). "Site of Epstein-Barr virus replication in the oropharynx." Lancet **2**(8153): 1154-7.

Morin, R. D., M. D. O'Connor, et al. (2008). "Application of massively parallel sequencing to microRNA profiling and discovery in human embryonic stem cells." Genome Res **18**(4): 610-21.

Morrison, J. A., A. J. Klingelhutz, et al. (2003). "Epstein-Barr virus latent membrane protein 2A activates beta-catenin signaling in epithelial cells." J Virol **77**(22): 12276-84.

Mosialos, G., M. Birkenbach, et al. (1995). "The Epstein-Barr virus transforming protein LMP1 engages signaling proteins for the tumor necrosis factor receptor family." Cell **80**(3): 389-99.

Motsch, N., T. Pfuhl, et al. (2007). "Epstein-Barr virus-encoded latent membrane protein 1 (LMP1) induces the expression of the cellular microRNA miR-146a." RNA Biol **4**(3): 131-7.

Mott, J. L., S. Kobayashi, et al. (2007). "mir-29 regulates Mcl-1 protein expression and apoptosis." Oncogene **26**(42): 6133-40.

Mrazek, J., S. B. Kreutmayer, et al. (2007). "Subtractive hybridization identifies novel differentially expressed ncRNA species in EBV-infected human B cells." Nucleic Acids Res 35(10): e73.

Mucenski, M. L., K. McLain, et al. (1991). "A functional c-myb gene is required for normal murine fetal hepatic hematopoiesis." Cell 65(4): 677-689.

Nachmani, D., N. Stern-Ginossar, et al. (2009). "Diverse herpesvirus microRNAs target the stress-induced immune ligand MICB to escape recognition by natural killer cells." Cell Host Microbe 5(4): 376-85.

Nanbo, A., K. Inoue, et al. (2002). "Epstein-Barr virus RNA confers resistance to interferon-alpha-induced apoptosis in Burkitt's lymphoma." EMBO J 21(5): 954-65.

Navarro, A., A. Gaya, et al. (2008). "MicroRNA expression profiling in classic Hodgkin lymphoma." Blood 111(5): 2825-2832.

Nemerow, G. R. and N. R. Cooper (1984). "Early events in the infection of human B lymphocytes by Epstein-Barr virus: the internalization process." Virology 132(1): 186-98.

Niedobitek, G., A. Agathanggelou, et al. (1997). "Epstein-Barr virus (EBV) infection in infectious mononucleosis: virus latency, replication and phenotype of EBV-infected cells." J Pathol 182(2): 151-9.

Nitsche, F., A. Bell, et al. (1997). "Epstein-Barr virus leader protein enhances EBNA-2-mediated transactivation of latent membrane protein 1 expression: a role for the W1W2 repeat domain." J Virol 71(9): 6619-6628.

O'Donnell, K. A., E. A. Wentzel, et al. (2005). "c-Myc-regulated microRNAs modulate E2F1 expression." Nature 435(7043): 839-843.

Okabe, H., S. Satoh, et al. (2003). "Involvement of PEG10 in human hepatocellular carcinogenesis through interaction with SIAH1." Cancer Res 63(12): 3043-3048.

Oyama, T., K. Ichimura, et al. (2003). "Senile EBV+ B-cell lymphoproliferative disorders: a clinicopathologic study of 22 patients." Am J Surg Pathol 27(1): 16-26.

Pall, G. S. and A. J. Hamilton (2008). "Improved northern blot method for enhanced detection of small RNA." Nat Protoc 3(6): 1077-84.

Pallasch, C. P., M. Patz, et al. (2009). "miRNA deregulation by epigenetic silencing disrupts suppression of the oncogene PLAG1 in chronic lymphocytic leukemia." Blood 114(15): 3255-3264.

Park, S., J. Lee, et al. (2007). "The impact of Epstein-Barr virus status on clinical outcome in diffuse large B-cell lymphoma." Blood 110(3): 972-8.

Pedersen, C., J. Gerstoft, et al. (1991). "HIV-associated lymphoma: histopathology and association with Epstein-Barr virus genome related to clinical, immunological and prognostic features." Eur J Cancer **27**(11): 1416-23.

Pedersen, I. M., D. Otero, et al. (2009). "Onco-miR-155 targets SHIP1 to promote TNFalpha-dependent growth of B cell lymphomas." EMBO Mol Med **1**(5): 288-95.

Peng, R., J. Tan, et al. (2000). "Conserved regions in the Epstein-Barr virus leader protein define distinct domains required for nuclear localization and transcriptional cooperation with EBNA2." J Virol **74**(21): 9953-9963.

Perez-Duran, P., V. G. de Yebenes, et al. (2007). "Oncogenic events triggered by AID, the adverse effect of antibody diversification." Carcinogenesis **28**(12): 2427-33.

Pfeffer, S., M. Zavolan, et al. (2004). "Identification of virus-encoded microRNAs." Science **304**(5671): 734-6.

Pfreundschuh, M. (2004). "Therapiefortschritte bei aggressiven Lymphomen." Uni-Med Verlag.

Poirier, S., G. Bouvier, et al. (1989). "Volatile nitrosamine levels and genotoxicity of food samples from high-risk areas for nasopharyngeal carcinoma before and after nitrosation." Int J Cancer **44**(6): 1088-94.

Pope, J. H., B. G. Achong, et al. (1967). "Burkitt lymphoma in New Guinea: establishment of a line of lymphoblasts in vitro and description of their fine structure." J Natl Cancer Inst **39**(5): 933-45.

Pratt, Z. L., M. Kuzembayeva, et al. (2009). "The microRNAs of Epstein-Barr Virus are expressed at dramatically differing levels among cell lines." Virology **386**(2): 387-97.

Radkov, S. A., M. Bain, et al. (1997). "Epstein-Barr virus EBNA3C represses Cp, the major promoter for EBNA expression, but has no effect on the promoter of the cell gene CD21." J Virol **71**(11): 8552-62.

Rahadiani, N., T. Takakuwa, et al. (2008). "Latent membrane protein-1 of Epstein-Barr virus induces the expression of B-cell integration cluster, a precursor form of microRNA-155, in B lymphoma cell lines." Biochem Biophys Res Commun **377**(2): 579-83.

Rai, D., S. Karanti, et al. (2008). "Coordinated expression of microRNA-155 and predicted target genes in diffuse large B-cell lymphoma." Cancer Genet Cytogenet **181**(1): 8-15.

Rai, D., S. W. Kim, et al. (2010). "Targeting of SMAD5 links microRNA-155 to the TGF-{beta} pathway and lymphomagenesis." Proc Natl Acad Sci U S A **107**(7): 3111-6.

Reinhart, B. J., F. J. Slack, et al. (2000). "The 21-nucleotide let-7 RNA regulates developmental timing in Caenorhabditis elegans." Nature 403(6772): 901-906.

Robbiani, D. F., S. Bunting, et al. (2009). "AID produces DNA double-strand breaks in non-Ig genes and mature B cell lymphomas with reciprocal chromosome translocations." Mol Cell 36(4): 631-41.

Robertson, E. S., S. Grossman, et al. (1995). "Epstein-Barr virus nuclear protein 3C modulates transcription through interaction with the sequence-specific DNA-binding protein J kappa." J Virol 69(5): 3108-16.

Robertson, E. S., J. Lin, et al. (1996). "The amino-terminal domains of Epstein-Barr virus nuclear proteins 3A, 3B, and 3C interact with RBPJ(kappa)." J Virol 70(5): 3068-74.

Rodriguez, A., E. Vigorito, et al. (2007). "Requirement of bic/microRNA-155 for normal immune function." Science 316(5824): 608-611.

Roehle, A., K. P. Hoefig, et al. (2008). "MicroRNA signatures characterize diffuse large B-cell lymphomas and follicular lymphomas." Br J Haematol 142(5): 732-744.

Roizman, B., L. E. Carmichael, et al. (1981). "Herpesviridae. Definition, provisional nomenclature, and taxonomy. The Herpesvirus Study Group, the International Committee on Taxonomy of Viruses." Intervirology 16(4): 201-17.

Rooney, C., J. G. Howe, et al. (1989). "Influence of Burkitt's lymphoma and primary B cells on latent gene expression by the nonimmortalizing P3J-HR-1 strain of Epstein-Barr virus." J Virol 63(4): 1531-1539.

Rosa, A., M. Ballarino, et al. (2007). "The interplay between the master transcription factor PU.1 and miR-424 regulates human monocyte/macrophage differentiation." Proc Natl Acad Sci U S A 104(50): 19849-19854.

Rosenwald, A., G. Wright, et al. (2002). "The use of molecular profiling to predict survival after chemotherapy for diffuse large-B-cell lymphoma." N Engl J Med 346(25): 1937-1947.

Rudel, S., A. Flatley, et al. (2008). "A multifunctional human Argonaute2-specific monoclonal antibody." RNA 14(6): 1244-53.

Saetrom, P., B. S. Heale, et al. (2007). "Distance constraints between microRNA target sites dictate efficacy and cooperativity." Nucleic Acids Res 35(7): 2333-42.

Saiki, R. K., D. H. Gelfand, et al. (1988). "Primer-directed enzymatic amplification of DNA with a thermostable DNA polymerase." Science 239(4839): 487-91.

Saito, Y., G. Liang, et al. (2006). "Specific activation of microRNA-127 with downregulation of the proto-oncogene BCL6 by chromatin-modifying drugs in human cancer cells." Cancer Cell 9(6): 435-443

Sambrook, J., Fritsch, E. F., and Maniatis T. (1989). "Molecular cloning: A laboratory manual " *2nd Ed. Cold Spring Harbor Laboratory*

Sandberg, M. L., S. E. Sutton, et al. (2005). "c-MYB and p300 regulate hematopoietic stem cell proliferation and differentiation." Dev Cell **8**(2): 153-66.

Sgaramella, V., J. H. Van de Sande, et al. (1970). "Studies on polynucleotides, C. A novel joining reaction catalyzed by the T4-polynucleotide ligase." Proc Natl Acad Sci U S A **67**(3): 1468-75.

Shi, R. and V. L. Chiang (2005). "Facile means for quantifying microRNA expression by real-time PCR." Biotechniques **39**(4): 519-25.

Sixbey, J. W., J. G. Nedrud, et al. (1984). "Epstein-Barr virus replication in oropharyngeal epithelial cells." N Engl J Med **310**(19): 1225-30.

Suzuki, H., K. Yagi, et al. (2004). "c-Ski inhibits the TGF-beta signaling pathway through stabilization of inactive Smad complexes on Smad-binding elements." Oncogene **23**(29): 5068-76.

Takahashi, Y., A. R. Forrest, et al. (2009). "MiR-107 and MiR-185 can induce cell cycle arrest in human non small cell lung cancer cell lines." PLoS One **4**(8): e6677.

Tan, T. T. and L. M. Coussens (2007). "Humoral immunity, inflammation and cancer." Curr Opin Immunol **19**(2): 209-16.

Tanner, J., J. Weis, et al. (1987). "Epstein-Barr virus gp350/220 binding to the B lymphocyte C3d receptor mediates adsorption, capping, and endocytosis." Cell **50**(2): 203-13.

Taylor, D., P. Badiani, et al. (1996). "A dominant interfering Myb mutant causes apoptosis in T cells." Genes Dev **10**(21): 2732-44.

Teng, G., P. Hakimpour, et al. (2008). "MicroRNA-155 is a negative regulator of activation-induced cytidine deaminase." Immunity **28**(5): 621-9.

Thompson, M. P. and R. Kurzrock (2004). "Epstein-Barr virus and cancer." Clin Cancer Res **10**(3): 803-21.

Tomita, M., M. Z. Dewan, et al. (2009). "Epstein-Barr virus-encoded latent membrane protein 1 activates beta-catenin signaling in B lymphocytes." Cancer Sci **100**(5): 807-12.

Tomkinson, B., E. Robertson, et al. (1993). "Epstein-Barr virus nuclear proteins EBNA-3A and EBNA-3C are essential for B-lymphocyte growth transformation." J Virol **67**(4): 2014-25.

Towbin, H., T. Staehelin, et al. (1979). "Electrophoretic transfer of proteins from poly-acrylamide gels to nitrocellulose sheets: procedure and some applications." Proc Natl Acad Sci U S A **76**(9): 4350-4354.

Trauth, K., B. Mutschler, et al. (1994). "Mouse A-myb encodes a trans-activator and is expressed in mitotically active cells of the developing central nervous system, adult testis and B lymphocytes." EMBO J 13(24): 5994-6005.

Siemer, D., J. Kurth, et al. (2008). "EBV transformation overrides gene expression patterns of B cell differentiation stages." Mol Immunol 45(11): 3133-3141.

Ueki, N., L. Zhang, et al. (2008). "Ski can negatively regulates macrophage differentiation through its interaction with PU.1." Oncogene 27(3): 300-7.

Visone, R., L. Z. Rassenti, et al. (2009). "Karyotype-specific microRNA signature in chronic lymphocytic leukemia." Blood 114(18): 3872-3879.

Volinia, S., G. A. Calin, et al. (2006). "A microRNA expression signature of human solid tumors defines cancer gene targets." Proc Natl Acad Sci U S A 103(7): 2257-61.

Waltzer, L., M. Perricaudet, et al. (1996). "Epstein-Barr virus EBNA3A and EBNA3C proteins both repress RBP-J kappa-EBNA2-activated transcription by inhibiting the binding of RBP-J kappa to DNA." J Virol 70(9): 5909-15.

Wang, B., S. Li, et al. (2009). "Distinct passenger strand and mRNA cleavage activities of human Argonaute proteins." Nat Struct Mol Biol 16(12): 1259-66.

Wang, D., D. Liebowitz, et al. (1985). "An EBV membrane protein expressed in immortalized lymphocytes transforms established rodent cells." Cell 43(3 Pt 2): 831-40.

Wang, Y., Z. Li, et al. "MicroRNAs expression signatures are associated with lineage and survival in acute leukemias." Blood Cells Mol Dis.

Webb, N., G. Connolly, et al. (2008). "Epstein-Barr virus associated modulation of Wnt pathway is not dependent on latent membrane protein-1." PLoS One 3(9): e3254.

Wen, Y. Y., Z. Q. Yang, et al. (2009). "SIAH1 induced apoptosis by activation of the JNK pathway and inhibited invasion by inactivation of the ERK pathway in breast cancer cells." Cancer Sci.

Went, P., S. Dirnhofer, et al. (2005). "Expression of epithelial cell adhesion molecule (EpCam) in renal epithelial tumors." Am J Surg Pathol 29(1): 83-88.

Wienholds, E., W. P. Kloosterman, et al. (2005). "MicroRNA expression in zebrafish embryonic development." Science 309(5732): 310-1.

Wightman, B., T. R. Burglin, et al. (1991). "Negative regulatory sequences in the lin-14 3'-untranslated region are necessary to generate a temporal switch during Caenorhabditis elegans development." Genes Dev 5(10): 1813-1824.

Wildy, P. a. W., D. H. (1968). "Antiserum production using minute quantities of viral antigens." Nature 219: 299-300.

Wilson, J. B., J. L. Bell, et al. (1996). "Expression of Epstein-Barr virus nuclear antigen-1 induces B cell neoplasia in transgenic mice." EMBO J 15(12): 3117-26.

Woodcock, D.M., P. J.Crowther, et al. (1989). "Quantitative evolution of *Escherichia coli* host strains for tolerance to cytosine methylation in plasmid and phage recombinants. Nucleic Acids Res 17(9): 3469-78.

Wu, H., J. R. Neilson, et al. (2007). "miRNA profiling of naive, effector and memory CD8 T cells." PLoS One 2(10): e1020.

Wyman, S. K., R. K. Parkin, et al. (2009). "Repertoire of microRNAs in epithelial ovarian cancer as determined by next generation sequencing of small RNA cDNA libraries." PLoS One 4(4): e5311.

Xia, T., A. O'Hara, et al. (2008). "EBV microRNAs in primary lymphomas and targeting of CXCL-11 by ebv-mir-BHRF1-3." Cancer Res 68(5): 1436-42.

Xiao, C., D. P. Calado, et al. (2007). "MiR-150 controls B cell differentiation by targeting the transcription factor c-Myb." Cell 131(1): 146-159.

Xiao, C., L. Srinivasan, et al. (2008). "Lymphoproliferative disease and autoimmunity in mice with increased miR-17-92 expression in lymphocytes." Nat Immunol 9(4): 405-414.

Yin, Q., X. Wang, et al. (2008). "B-cell receptor activation induces BIC/miR-155 expression through a conserved AP-1 element." J Biol Chem 283(5): 2654-2662.

Xing, L. and E. Kieff (2007). "Epstein-Barr virus BHRF1 micro- and stable RNAs during latency III and after induction of replication." J Virol 81(18): 9967-75.

Yanaihara, N., N. Caplen, et al. (2006). "Unique microRNA molecular profiles in lung cancer diagnosis and prognosis." Cancer Cell 9(3): 189-98.

Yang, W., T. P. Chendrimada, et al. (2006). "Modulation of microRNA processing and expression through RNA editing by ADAR deaminases." Nat Struct Mol Biol 13(1): 13-21.

Yao, J., L. Liang, et al. (2009). "MicroRNA-30d promotes tumor invasion and metastasis by targeting Galphai2 in hepatocellular carcinoma." Hepatology.

Yates, J. L., N. Warren, et al. (1985). "Stable replication of plasmids derived from Epstein-Barr virus in various mammalian cells." Nature 313(6005): 812-5.

Yoshibayashi, H., H. Okabe, et al. (2007). "SIAH1 causes growth arrest and apoptosis in hepatoma cells through beta-catenin degradation-dependent and -independent mechanisms." Oncol Rep 17(3): 549-56.

Zhang, H., J. H. Yang, et al. (2009). "Genome-wide analysis of small RNA and novel MicroRNA discovery in human acute lymphoblastic leukemia based on extensive sequencing approach." PLoS One **4**(9): e6849.

Zhao, H., A. Kalota, et al. (2009). "The c-MYB proto-oncogene and microRNA-15a comprise an active autoregulatory feedback loop in human hematopoietic cells." Blood **113**(3): 505-16.

Zhu, J. Y., T. Pfuhl, et al. (2009). "Identification of novel Epstein-Barr virus microRNA genes from nasopharyngeal carcinomas." J Virol **83**(7): 3333-41.

Zimber-Strobl, U. and L. J. Strobl (2001). "EBNA2 and Notch signalling in Epstein-Barr virus mediated immortalization of B lymphocytes." Semin Cancer Biol **11**(6): 423-34.

7 Anhang

7.1 Tabellen

supplementary Table 1: EBV-miRNA expression			
described in miR-Base	reads per library	% of EBV miRNA reads	% of total miRNA reads
ebv-miR-BART3	5	0,92	0,016
ebv-miR-BART3*	2	0,37	0,006
ebv-miR-BART4	5	0,92	0,016
ebv-miR-BART4*	3	0,55	0,009
ebv-miR-BART1-3p	8	1,47	0,025
ebv-miR-BART1-5p	32	5,86	0,101
ebv-miR-BART15	0	0,00	0,000
ebv-miR-BART5	25	4,58	0,079
ebv-miR-BART5*	0	0,00	0,000
ebv-miR-BART16	40	7,33	0,126
ebv-miR-BART17-3p	16	2,93	0,050
ebv-miR-BART17-5p	9	1,65	0,028
ebv-miR-BART6-3p	9	1,65	0,028
ebv-miR-BART6-5p	17	3,11	0,054
ebv-miR-BART21-3p	2	0,37	0,006
ebv-miR-BART21-5p	11	2,01	0,035
ebv-miR-BART18-5p	0	0,00	0,000
ebv-miR-BART18-3p	2	0,37	0,006
ebv-miR-BART7	81	14,84	0,255
ebv-miR-BART7*	0	0,00	0,000
ebv-miR-BART8	14	2,56	0,044
ebv-miR-BART8*	11	2,01	0,035
ebv-miR-BART9	11	2,01	0,035
ebv-miR-BART9*	1	0,18	0,003
ebv-miR-BART22	81	14,84	0,255
ebv-miR-BART10	52	9,52	0,164
ebv-miR-BART10*	0	0,00	0,000
ebv-miR-BART11-3p	12	2,20	0,038
ebv-miR-BART11-5p	47	8,61	0,148
ebv-miR-BART12	4	0,73	0,013
ebv-miR-BART19-3p	7	1,28	0,022
ebv-miR-BART19-5p	0	0,00	0,000
ebv-miR-BART20-3p	0	0,00	0,000
ebv-miR-BART20-5p	0	0,00	0,000
ebv-miR-BART13	15	2,75	0,047
ebv-miR-BART13*	4	0,73	0,013
ebv-miR-BART14	16	2,93	0,050
ebv-miR-BART14*	0	0,00	0,000
ebv-miR-BART2-5p	4	0,73	0,013
ebv-miR-BART2-3p	0	0,00	0,000
ebv-miR-BHRF1-1	0	0,00	0,000
ebv-miR-BHRF1-2	0	0,00	0,000
ebv-miR-BHRF1-2*	0	0,00	0,000
ebv-miR-BHRF1-3	0	0,00	0,000
sum	546		31725

supplementary Table 2: misregulated miRNAs in B-cell lymphomas; red: miRNAs found just in one library

	indolent lymphoma				DLBCL/EBV-				DLBCL/EBV+			
miRNA-species	fold change up	miRNA-species	fold change down	miRNA-species	fold change up	miRNA-species	fold change down	miRNA-species	fold change up	miRNA-species	fold change down	miRNA-species
hsa-miR-30d	4,17	hsa-miR-133a	111,63	hsa-miR-155	11,04	hsa-miR-200b	275,44	hsa-miR-185	6,63	hsa-miR-200b	252	
hsa-miR-130a	3,52	hsa-miR-200b	77,28	hsa-miR-185	6,82	hsa-miR-133a	215	hsa-miR-424	5,13	hsa-miR-205	76	
hsa-miR-151-5p	2,63	hsa-miR-1	60,72	hsa-miR-18a	4,89	hsa-miR-17*	182	hsa-miR-17*	4,26	hsa-miR-200c	70,19	
hsa-miR-30b	2,54	hsa-miR-205	46,61	hsa-miR-20b	3,95	hsa-miR-126*	142	hsa-miR-17	3,67	hsa-miR-203	52	
hsa-miR-126	2,38	hsa-miR-141	37,41	hsa-miR-17*	3,55	hsa-miR-1	99	hsa-miR-20a	3,07	hsa-miR-141	38,92	
hsa-miR-29b	2,34	hsa-miR-200c	22,49	hsa-miR-106a	2,92	hsa-miR-205	76	hsa-miR-155	2,50	hsa-miR-150	11,97	
hsa-miR-151-3p	2,34	hsa-miR-203	15,95	hsa-miR-106b	2,61	hsa-miR-203	52	hsa-miR-106b	2,37	hsa-miR-125a-5p	8,17	
hsa-miR-424	2,04	hsa-miR-20b	2,82	hsa-miR-148a	2,50	hsa-miR-451	23,23	hsa-miR-21	2,26	hsa-miR-145	7,22	
		hsa-miR-27b	2,75	hsa-miR-20a	2,25	hsa-miR-150	22,79			hsa-miR-23b	5,06	
		hsa-miR-451	2,48	hsa-miR-83	2,23	hsa-miR-141	13,33			hsa-miR-140-5p	4,12	
		hsa-miR-378	2,45	hsa-miR-17	2,15	hsa-miR-27b	12,55			hsa-miR-30a	3,97	
		hsa-miR-23b	2,32	hsa-miR-221	2,10	hsa-miR-23b	10,67			hsa-miR-451	3,70	
		hsa-miR-148a	2,16			hsa-miR-200c	7,51			hsa-miR-27b	3,52	
		hsa-miR-23a	2,07			hsa-miR-30a	6,80			hsa-miR-342-3p	3,38	
		hsa-miR-1308	215,00			hsa-miR-125b	6,62			hsa-miR-125b	3,29	
						hsa-miR-23a	6,52			hsa-let-7b	3,10	
						hsa-miR-26b	5,51			hsa-miR-30e*	2,96	
						hsa-miR-24	5,10			hsa-miR-23a	2,87	
						hsa-miR-30e*	5,06			hsa-miR-26a	2,85	
						hsa-miR-223	4,88			hsa-miR-28-5p	2,74	
						hsa-miR-145	4,71			hsa-miR-32	2,61	
						hsa-miR-181a	4,69			hsa-miR-24	2,59	
						hsa-miR-378	4,37			hsa-miR-29b	2,55	
						hsa-miR-199a-3p	4,36			hsa-miR-142-5p	2,39	
						hsa-miR-143	4,17			hsa-miR-26b	2,34	
						hsa-miR-27a	3,98			hsa-miR-361-5p	2,33	
						hsa-let-7b	3,91			hsa-miR-497	2,31	
						hsa-miR-199a-5p	3,83			hsa-let-7g	2,26	
						hsa-miR-342-3p	3,71			hsa-miR-455-3p	2,22	
						hsa-miR-152	3,32			hsa-miR-140-3p	2,20	
						hsa-miR-125a-5p	3,04			hsa-miR-143	2,16	
						hsa-miR-497	2,84			hsa-miR-30c	2,07	
						hsa-let-7a	2,84			hsa-miR-378*	2,02	
						hsa-miR-101	2,81			hsa-miR-20b	2,00	
						hsa-miR-26a	2,80					
						hsa-miR-22	2,70					
						hsa-miR-30e	2,67					
						hsa-miR-195	2,63					
						hsa-miR-142-5p	2,60					
						hsa-miR-455-3p	2,40					
						hsa-miR-28-3p	2,32					
						hsa-miR-30c	2,31					
						hsa-miR-140-5p	2,28					
						hsa-miR-497	2,84					
						hsa-miR-22*	2,15					
						hsa-let-7g	2,16					
						hsa-miR-28-5p	2,08					

Anhang

supplementary table 3: relative miRNA expression and read number in lymphoma and control tissue					
tonsil library			indolent lymphoma library		
miRNA-species	read number	relative expression %	miRNA-species	read number	relative expression %
hsa-let7-a	195	0.385	hsa-let-7a	82	0.267
hsa-let-7a*	15	0.030	hsa-let-7a*	2	0.007
hsa-let-7b	68	0.134	hsa-let-7b	31	0.101
hsa-let-7b*	4	0.008	hsa-let-7c	1	0.003
hsa-let-7c	41	0.081	hsa-let-7d	19	0.062
hsa-let-7d	22	0.043	hsa-let-7d*	1	0.003
hsa-let-7d*	22	0.043	hsa-let-7e	5	0.016
hsa-let-7e	7	0.014	hsa-let-7f	84	0.273
hsa-let-7e*	1	0.002	hsa-let-7f-1*	6	0.020
hsa-let-7f	208	0.411	hsa-let-7f-2*	3	0.010
hsa-let-7f-1*	5	0.010	hsa-let-7g	193	0.628
hsa-let-7f-2*	6	0.012	hsa-let-7g*	12	0.039
hsa-let-7g	334	0.659	hsa-let-7i	20	0.065
hsa-let-7g*	11	0.022	hsa-let-7i*	20	0.065
hsa-let-7i	38	0.075	hsa-miR-100	13	0.042
hsa-let-7i*	14	0.028	hsa-miR-101	157	0.511
hsa-miR-1	99	0.195	hsa-miR-103	694	2.258
hsa-miR-100	11	0.022	hsa-miR-106a	23	0.075
hsa-miR-101	257	0.507	hsa-miR-106b	568	1.848
hsa-miR-101*	1	0.002	hsa-miR-106b*	4	0.013
hsa-miR-103	1162	2.294	hsa-miR-107	5	0.016
hsa-miR-106a	51	0.101	hsa-miR-10a	1	0.003
hsa-miR-106b	559	1.104	hsa-miR-10b	7	0.023
hsa-miR-106b*	15	0.030	hsa-miR-125a-5p	32	0.104
hsa-miR-10a	5	0.010	hsa-miR-125b	53	0.172
hsa-miR-10a*	1	0.002	hsa-miR-126	598	1.946
hsa-miR-10b	6	0.012	hsa-miR-126*	106	0.345
hsa-miR-1246	13	0.026	hsa-miR-1275	5	0.016
hsa-miR-125a-5p	64	0.126	hsa-miR-1280	11	0.036
hsa-miR-125b	103	0.203	hsa-miR-128a	41	0.133
hsa-miR-126	410	0.810	hsa-miR-129*	1	0.003
hsa-miR-126*	142	0.280	hsa-miR-1307	2	0.007
hsa-miR-1280	4	0.008	hsa-miR-130a	69	0.225
hsa-miR-1285	42	0.083	hsa-miR-130b	7	0.023
hsa-miR-128a	70	0.138	hsa-miR-130b*	2	0.007
hsa-miR-1301	6	0.012	hsa-miR-132	14	0.046
hsa-miR-1307	10	0.020	hsa-miR-138	13	0.042
hsa-miR-1308	215	0.425	hsa-miR-138-1*	2	0.007
hsa-miR-130a	32	0.063	hsa-miR-139-5p	21	0.068
hsa-miR-130b	9	0.018	hsa-miR-140-3p	92	0.299
hsa-miR-132	8	0.016	hsa-miR-140-5p	43	0.140
hsa-miR-132*	1	0.002	hsa-miR-142-3p	741	2.411
hsa-miR-133a	182	0.359	hsa-miR-142-5p	481	1.565
hsa-miR-134	1	0.002	hsa-miR-143	55	0.179
hsa-miR-135a	1	0.002	hsa-miR-144	1	0.003
hsa-miR-135b	3	0.006	hsa-miR-145	170	0.553
hsa-miR-135b*	1	0.002	hsa-miR-145*	1	0.003
hsa-miR-136*	1	0.002	hsa-miR-146a	199	0.647
hsa-miR-138	13	0.026	hsa-miR-146b-5p	27	0.088
hsa-miR-138-1*	2	0.004	hsa-miR-148a	31	0.101
hsa-miR-139-3p	1	0.002	hsa-miR-148b	15	0.049
hsa-miR-139-5p	25	0.049	hsa-miR-149	1	0.003
hsa-miR-140-3p	192	0.379	hsa-miR-150	221	0.719
hsa-miR-140-5p	71	0.140	hsa-miR-151-3p	66	0.215
hsa-miR-141	61	0.120	hsa-miR-151-5p	558	1.816
hsa-miR-141*	1	0.002	hsa-miR-152	27	0.088
hsa-miR-142-3p	851	1.680	hsa-miR-153	4	0.013

miRNA	Count	Value	miRNA	Count	Value
hsa-miR-142-5p	1062	2.097	hsa-miR-155	546	1.777
hsa-miR-143	61	0.120	hsa-miR-15a	1750	5.694
hsa-miR-144	45	0.089	hsa-miR-15b	1114	3.625
hsa-miR-145	181	0.357	hsa-miR-15b*	3	0.010
hsa-miR-146a	232	0.458	hsa-miR-16	5654	18.397
hsa-miR-146b-5p	64	0.126	hsa-miR-16-1*	1	0.003
hsa-miR-148a	109	0.215	hsa-miR-16-2*	14	0.046
hsa-miR-148b	14	0.028	hsa-miR-17	780	2.538
hsa-miR-150	563	1.112	hsa-miR-17*	27	0.088
hsa-miR-150*	6	0.012	hsa-miR-181a	100	0.325
hsa-miR-151-3p	46	0.091	hsa-miR-181b	28	0.091
hsa-miR-151-5p	346	0.683	hsa-miR-181c	2	0.007
hsa-miR-152	73	0.144	hsa-miR-181d	1	0.003
hsa-miR-153	3	0.006	hsa-miR-182	12	0.039
hsa-miR-154	2	0.004	hsa-miR-183	2	0.007
hsa-miR-155	688	1.358	hsa-miR-185	16	0.052
hsa-miR-15a	2316	4.573	hsa-miR-186	25	0.081
hsa-miR-15a*	2	0.004	hsa-miR-187	1	0.003
hsa-miR-15b	1494	2.950	hsa-miR-188-5p	2	0.007
hsa-miR-16	7701	15.205	hsa-miR-18a	21	0.068
hsa-miR-16-1*	1	0.002	hsa-miR-18a*	1	0.003
hsa-miR-16-2*	19	0.038	hsa-miR-18b	5	0.016
hsa-miR-17	1227	2.423	hsa-miR-190	16	0.052
hsa-miR-17*	32	0.063	hsa-miR-191	376	1.223
hsa-miR-181a	133	0.263	hsa-miR-192	11	0.036
hsa-miR-181a*	1	0.002	hsa-miR-193a-3p	3	0.010
hsa-miR-181b	32	0.063	hsa-miR-193a-5p	1	0.003
hsa-miR-181c	7	0.014	hsa-miR-193b	2	0.007
hsa-miR-181d	1	0.002	hsa-miR-194	20	0.065
hsa-miR-182	12	0.024	hsa-miR-195	387	1.259
hsa-miR-183	4	0.008	hsa-miR-196a	14	0.046
hsa-miR-184	3	0.006	hsa-miR-196b	2	0.007
hsa-miR-185	22	0.043	hsa-miR-197	4	0.013
hsa-miR-186	34	0.067	hsa-miR-199a-3p	645	2.099
hsa-miR-187	1	0.002	hsa-miR-199a-5p	159	0.517
hsa-miR-18a	26	0.051	hsa-miR-199b-3p	17	0.055
hsa-miR-18a*	4	0.008	hsa-miR-199b-5p	5	0.016
hsa-miR-190	37	0.073	hsa-miR-19a	10	0.033
hsa-miR-190b	6	0.012	hsa-miR-19b	118	0.384
hsa-miR-191	434	0.857	hsa-miR-200b	2	0.007
hsa-miR-192	9	0.018	hsa-miR-200c	6	0.020
hsa-miR-193a-3p	4	0.008	hsa-miR-202*	4	0.013
hsa-miR-193b	12	0.024	hsa-miR-203	2	0.007
hsa-miR-194	16	0.032	hsa-miR-20a	853	2.775
hsa-miR-195	492	0.971	hsa-miR-20a*	2	0.007
hsa-miR-196a	2	0.004	hsa-miR-20b	15	0.049
hsa-miR-197	4	0.008	hsa-miR-21	1022	3.325
hsa-miR-199a-3p	1414	2.792	hsa-miR-21*	7	0.023
hsa-miR-199a-5p	277	0.547	hsa-miR-210	14	0.046
hsa-miR-199b-5p	41	0.081	hsa-miR-212	5	0.016
hsa-miR-19a	16	0.032	hsa-miR-214	6	0.020
hsa-miR-19b	205	0.405	hsa-miR-215	3	0.010
hsa-miR-200a	13	0.026	hsa-miR-218	17	0.055
hsa-miR-200a*	1	0.002	hsa-miR-22	114	0.371
hsa-miR-200b	252	0.498	hsa-miR-22*	20	0.065
hsa-miR-200b*	1	0.002	hsa-miR-221	179	0.582
hsa-miR-200c	220	0.434	hsa-miR-221*	3	0.010
hsa-miR-203	52	0.103	hsa-miR-222	131	0.426
hsa-miR-204	1	0.002	hsa-miR-223	118	0.384
hsa-miR-205	76	0.150	hsa-miR-223*	3	0.010

hsa-miR-206	19	0.038	hsa-miR-224	2	0.007
hsa-miR-208b	4	0.008	hsa-miR-23a	804	2.616
hsa-miR-20a	1474	2.910	hsa-miR-23b	291	0.947
hsa-miR-20a*	2	0.004	hsa-miR-24	196	0.638
hsa-miR-20b	69	0.136	hsa-miR-24-1*	1	0.003
hsa-miR-21	2161	4.267	hsa-miR-24-2*	1	0.003
hsa-miR-21*	13	0.026	hsa-miR-25	332	1.080
hsa-miR-210	9	0.018	hsa-miR-26a	1453	4.728
hsa-miR-212	1	0.002	hsa-miR-26b	1245	4.051
hsa-miR-214	30	0.059	hsa-miR-26b*	1	0.003
hsa-miR-218	28	0.055	hsa-miR-27a	1029	3.348
hsa-miR-219-5p	1	0.002	hsa-miR-27b	289	0.940
hsa-miR-22	269	0.531	hsa-miR-28-3p	31	0.101
hsa-miR-22*	55	0.109	hsa-miR-28-5p	100	0.325
hsa-miR-221	381	0.752	hsa-miR-29a	725	2.359
hsa-miR-221*	17	0.034	hsa-miR-29a*	2	0.007
hsa-miR-222	175	0.346	hsa-miR-29b	316	1.028
hsa-miR-223	286	0.565	hsa-miR-29b-2*	1	0.003
hsa-miR-223*	6	0.012	hsa-miR-29c	432	1.406
hsa-miR-224	10	0.020	hsa-miR-29c*	2	0.007
hsa-miR-23a	2920	5.765	hsa-miR-301a	9	0.029
hsa-miR-23b	1103	2.178	hsa-miR-301b	5	0.016
hsa-miR-24	551	1.088	hsa-miR-30a	34	0.111
hsa-miR-24-1*	1	0.002	hsa-miR-30a*	14	0.046
hsa-miR-25	605	1.195	hsa-miR-30b	577	1.877
hsa-miR-25*	1	0.002	hsa-miR-30c	154	0.501
hsa-miR-26a	2076	4.099	hsa-miR-30d	179	0.582
hsa-miR-26b	1890	3.732	hsa-miR-30e	211	0.687
hsa-miR-26b*	1	0.002	hsa-miR-30e*	42	0.137
hsa-miR-27a	2772	5.473	hsa-miR-31	1	0.003
hsa-miR-27b	1298	2.563	hsa-miR-31*	2	0.007
hsa-miR-27b*	1	0.002	hsa-miR-32	51	0.166
hsa-miR-28-3p	53	0.105	hsa-miR-320	96	0.312
hsa-miR-28-5p	133	0.263	hsa-miR-324-3p	8	0.026
hsa-miR-296-3p	1	0.002	hsa-miR-324-5p	3	0.010
hsa-miR-29a	789	1.558	hsa-miR-326	1	0.003
hsa-miR-29a*	4	0.008	hsa-miR-330-3p	3	0.010
hsa-miR-29b-1	261	0.515	hsa-miR-330-5p	2	0.007
hsa-miR-29b-1*	1	0.002	hsa-miR-331-3p	2	0.007
hsa-miR-29b-2*	1	0.002	hsa-miR-335	6	0.020
hsa-miR-29c	445	0.879	hsa-miR-337-3p	2	0.007
hsa-miR-29c*	3	0.006	hsa-miR-338-3p	5	0.016
hsa-miR-301a	20	0.039	hsa-miR-339-3p	9	0.029
hsa-miR-30a	56	0.111	hsa-miR-339-5p	3	0.010
hsa-miR-30a*	11	0.022	hsa-miR-33a*	3	0.010
hsa-miR-30b	374	0.738	hsa-miR-340	8	0.026
hsa-miR-30c	285	0.563	hsa-miR-340*	1	0.003
hsa-miR-30d	70	0.138	hsa-miR-342-3p	130	0.423
hsa-miR-30e	247	0.488	hsa-miR-342-5p	2	0.007
hsa-miR-30e*	88	0.174	hsa-miR-345	14	0.046
hsa-miR-31	8	0.016	hsa-miR-34a	107	0.348
hsa-miR-31*	14	0.028	hsa-miR-34a*	2	0.007
hsa-miR-32	90	0.178	hsa-miR-361-3p	11	0.036
hsa-miR-32*	2	0.004	hsa-miR-361-5p	103	0.335
hsa-miR-320	201	0.397	hsa-miR-362-3p	6	0.020
hsa-miR-324-3p	22	0.043	hsa-miR-363	2	0.007
hsa-miR-324-5p	4	0.008	hsa-miR-365	9	0.029
hsa-miR-326	1	0.002	hsa-miR-374a	70	0.228
hsa-miR-328	3	0.006	hsa-miR-374b	138	0.449
hsa-miR-329	1	0.002	hsa-miR-376c	2	0.007

miRNA	Count	Value	miRNA	Count	Value
hsa-miR-330-3p	2	0.004	hsa-miR-377	1	0.003
hsa-miR-331-3p	6	0.012	hsa-miR-378	26	0.085
hsa-miR-335	3	0.006	hsa-miR-378*	4	0.013
hsa-miR-335*	1	0.002	hsa-miR-379*	1	0.003
hsa-miR-337-3p	1	0.002	hsa-miR-381	1	0.003
hsa-miR-337-5p	4	0.008	hsa-miR-421	3	0.010
hsa-miR-338-3p	2	0.004	hsa-miR-423-3p	17	0.055
hsa-miR-339-3p	4	0.008	hsa-miR-423-5p	11	0.036
hsa-miR-339-5p	2	0.004	hsa-miR-424	114	0.371
hsa-miR-33a*	9	0.018	hsa-miR-425	115	0.374
hsa-miR-340	11	0.022	hsa-miR-451	63	0.205
hsa-miR-340*	2	0.004	hsa-miR-454	15	0.049
hsa-miR-342-3p	190	0.375	hsa-miR-455-3p	33	0.107
hsa-miR-342-5p	1	0.002	hsa-miR-455-5p	2	0.007
hsa-miR-345	27	0.053	hsa-miR-484	20	0.065
hsa-miR-34a	119	0.235	hsa-miR-486-3p	1	0.003
hsa-miR-34a*	3	0.006	hsa-miR-486-5p	11	0.036
hsa-miR-34b*	1	0.002	hsa-miR-497	175	0.569
hsa-miR-34c-5p	2	0.004	hsa-miR-499-5p	3	0.010
hsa-miR-361-3p	10	0.020	hsa-miR-500*	1	0.003
hsa-miR-361-5p	168	0.332	hsa-miR-502-3p	3	0.010
hsa-miR-362-3p	14	0.028	hsa-miR-503	1	0.003
hsa-miR-362-5p	8	0.016	hsa-miR-505	7	0.023
hsa-miR-363	15	0.030	hsa-miR-505*	1	0.003
hsa-miR-365	21	0.041	hsa-miR-532-3p	7	0.023
hsa-miR-369-3p	1	0.002	hsa-miR-532-5p	21	0.068
hsa-miR-374a	84	0.166	hsa-miR-542-3p	1	0.003
hsa-miR-374a*	4	0.008	hsa-miR-558	1	0.003
hsa-miR-374b	218	0.430	hsa-miR-570	1	0.003
hsa-miR-374b*	2	0.004	hsa-miR-574-3p	10	0.033
hsa-miR-376c	6	0.012	hsa-miR-574-5p	2	0.007
hsa-miR-378	104	0.205	hsa-miR-584	1	0.003
hsa-miR-378*	19	0.038	hsa-miR-589*	1	0.003
hsa-miR-410	1	0.002	hsa-miR-590-3p	39	0.127
hsa-miR-411	1	0.002	hsa-miR-590-5p	9	0.029
hsa-miR-411*	1	0.002	hsa-miR-598	8	0.026
hsa-miR-421	5	0.010	hsa-miR-615-3p	2	0.007
hsa-miR-423-3p	20	0.039	hsa-miR-620	1	0.003
hsa-miR-423-5p	5	0.010	hsa-miR-624*	2	0.007
hsa-miR-424	91	0.180	hsa-miR-628-3p	1	0.003
hsa-miR-425	105	0.207	hsa-miR-651	1	0.003
hsa-miR-425*	1	0.002	hsa-miR-652	24	0.078
hsa-miR-429	22	0.043	hsa-miR-656	1	0.003
hsa-miR-450a	3	0.006	hsa-miR-671-5p	1	0.003
hsa-miR-451	255	0.503	hsa-miR-7	4	0.013
hsa-miR-452	2	0.004	hsa-miR-708	3	0.010
hsa-miR-454	16	0.032	hsa-miR-7-1*	15	0.049
hsa-miR-455-3p	66	0.130	hsa-miR-720	4	0.013
hsa-miR-455-5p	6	0.012	hsa-miR-744	7	0.023
hsa-miR-484	38	0.075	hsa-miR-766	5	0.016
hsa-miR-486-3p	2	0.004	hsa-miR-768-3p	15	0.049
hsa-miR-486-5p	34	0.067	hsa-miR-874	2	0.007
hsa-miR-488	3	0.006	hsa-miR-877	1	0.003
hsa-miR-493*	2	0.004	hsa-miR-886-3p	1	0.003
hsa-miR-494	1	0.002	hsa-miR-887	2	0.007
hsa-miR-495	2	0.004	hsa-miR-9	16	0.052
hsa-miR-497	234	0.462	hsa-miR-9*	3	0.010
hsa-miR-499-5p	23	0.045	hsa-miR-923	8	0.026
hsa-miR-500*	1	0.002	hsa-miR-92a	327	1.064
hsa-miR-501-5p	1	0.002	hsa-miR-92b	2	0.007

Anhang

hsa-miR-502-3p	8	0.016	hsa-miR-93	169	0.550
hsa-miR-502-5p	2	0.004	hsa-miR-940	1	0.003
hsa-miR-503	3	0.006	hsa-miR-942	1	0.003
hsa-miR-505	11	0.022	hsa-miR-95	4	0.013
hsa-miR-532-3p	9	0.018	hsa-miR-96	4	0.013
hsa-miR-532-5p	32	0.063	hsa-miR-96*	1	0.003
hsa-miR-548o/p	3	0.006	hsa-miR-98	2	0.007
hsa-miR-551b	1	0.002	hsa-miR-99a	5	0.016
hsa-miR-570	4	0.008	hsa-miR-99a*	1	0.003
hsa-miR-574-3p	24	0.047	hsa-miR-99b	6	0.020
hsa-miR-574-5p	3	0.006	sum reads	**30734**	
hsa-miR-577	2	0.004			
hsa-miR-582-5p	18	0.036			
hsa-miR-584	2	0.004			
hsa-miR-590-3p	86	0.170			
hsa-miR-590-5p	9	0.018			
hsa-miR-598	7	0.014			
hsa-miR-624*	4	0.008			
hsa-miR-625	8	0.016			
hsa-miR-627	2	0.004			
hsa-miR-628-3p	1	0.002			
hsa-miR-628-5p	5	0.010			
hsa-miR-629*	2	0.004			
hsa-miR-651	1	0.002			
hsa-miR-652	55	0.109			
hsa-miR-654-3p	2	0.004			
hsa-miR-655	4	0.008			
hsa-miR-656	37	0.073			
hsa-miR-660	5	0.010			
hsa-miR-671-5p	10	0.020			
hsa-miR-7	58	0.115			
hsa-miR-708	25	0.049			
hsa-miR-7-1*	59	0.116			
hsa-miR-720	6	0.012			
hsa-miR-744	8	0.016			
hsa-miR-758	1	0.002			
hsa-miR-766	7	0.014			
hsa-miR-768-3p	24	0.047			
hsa-miR-768-5p	2	0.004			
hsa-miR-769-3p	1	0.002			
hsa-miR-769-5p	1	0.002			
hsa-miR-874	8	0.016			
hsa-miR-877	1	0.002			
hsa-miR-886-5p	1	0.002			
hsa-miR-887	4	0.008			
hsa-miR-9	8	0.016			
hsa-miR-9*	12	0.024			
hsa-miR-923	1	0.002			
hsa-miR-92a	442	0.873			
hsa-miR-92b	2	0.004			
hsa-miR-93	287	0.567			
hsa-miR-93*	3	0.006			
hsa-miR-940	1	0.002			
hsa-miR-944	1	0.002			
hsa-miR-95	16	0.032			
hsa-miR-98	3	0.006			
hsa-miR-99a	30	0.059			
hsa-miR-99a*	1	0.002			
hsa-miR-99b	7	0.014			
sum reads	**50647**				

supplementary table 2 continued

DLBCL library (EBV-)			DLBCL library (EBV+)		
miRNA-species	read number	relative expression %	miRNA-species	read number	relative expression %
hsa-let-7a	74	0.136	hsa-let-7a	78	0.245
hsa-let-7a*	9	0.017	hsa-let-7a*		0.025
hsa-let-7b	19	0.035	hsa-let-7b	14	0.044
hsa-let-7d	15	0.028	hsa-let-7b*	1	0.003
hsa-let-7d*	3	0.006	hsa-let-7c	2	0.006
hsa-let-7e	2	0.004	hsa-let-7d	19	0.060
hsa-let-7f	143	0.263	hsa-let-7d*	2	0.006
hsa-let-7f-1*	3	0.006	hsa-let-7e	3	0.009
hsa-let-7f-2*	9	0.017	hsa-let-7f	107	0.336
hsa-let-7g	169	0.310	hsa-let-7f-1*	3	0.009
hsa-let-7g*	4	0.007	hsa-let-7g	93	0.292
hsa-let-7i	35	0.064	hsa-let-7g*	11	0.035
hsa-let-7i*	15	0.028	hsa-let-7i	16	0.050
hsa-miR-100	6	0.011	hsa-let-7i*	1	0.003
hsa-miR-101	100	0.184	hsa-miR-1	50	0.157
hsa-miR-103	801	1.471	hsa-miR-100	5	0.016
hsa-miR-103-2*	12	0.022	hsa-miR-101	99	0.311
hsa-miR-106a	163	0.299	hsa-miR-103	624	1.960
hsa-miR-106a*	1	0.002	hsa-miR-103-2*	8	0.025
hsa-miR-106b	1595	2.929	hsa-miR-106a	42	0.132
hsa-miR-106b*	18	0.033	hsa-miR-106b	846	2.658
hsa-miR-10a	1	0.002	hsa-miR-107	9	0.028
hsa-miR-10b	17	0.031	hsa-miR-10a	2	0.006
hsa-miR-10b*	1	0.002	hsa-miR-10b	10	0.031
hsa-miR-124	1	0.002	hsa-miR-1-2*	2	0.006
hsa-miR-125a-5p	23	0.042	hsa-miR-125a-5p	5	0.016
hsa-miR-125b	17	0.031	hsa-miR-125b	20	0.063
hsa-miR-126	687	1.262	hsa-miR-126	430	1.351
hsa-miR-128a	102	0.187	hsa-miR-126*	51	0.160
hsa-miR-1307	5	0.009	hsa-miR-128a	37	0.116
hsa-miR-130a	10	0.018	hsa-miR-1301	7	0.022
hsa-miR-130b	19	0.035	hsa-miR-1304	2	0.006
hsa-miR-132	9	0.017	hsa-miR-130a	5	0.016
hsa-miR-138	1	0.002	hsa-miR-130b	17	0.053
hsa-miR-138-1*	1	0.002	hsa-miR-130b*	1	0.003
hsa-miR-139-5p	10	0.018	hsa-miR-132	10	0.031
hsa-miR-140-3p	121	0.222	hsa-miR-133a	69	0.217
hsa-miR-140-5p	34	0.062	hsa-miR-135b	1	0.003
hsa-miR-141	5	0.009	hsa-miR-138	2	0.006
hsa-miR-142-3p	622	1.142	hsa-miR-138-1*	1	0.003
hsa-miR-142-5p	436	0.801	hsa-miR-139-5p	7	0.022
hsa-miR-143	16	0.029	hsa-miR-140-3p	53	0.167
hsa-miR-144	3	0.006	hsa-miR-140-5p	11	0.035
hsa-miR-145	42	0.077	hsa-miR-141	1	0.003
hsa-miR-145*	3	0.006	hsa-miR-142-3p	413	1.297
hsa-miR-146a	468	0.860	hsa-miR-142-5p	283	0.889
hsa-miR-146b-3p	1	0.002	hsa-miR-143	18	0.057
hsa-miR-146b-5p	79	0.145	hsa-miR-144	1	0.003
hsa-miR-148a	298	0.547	hsa-miR-145	16	0.050
hsa-miR-148b	19	0.035	hsa-miR-146a	189	0.594
hsa-miR-150	27	0.050	hsa-miR-146b-5p	42	0.132
hsa-miR-151-3p	67	0.123	hsa-miR-148a	126	0.396
hsa-miR-151-5p	418	0.768	hsa-miR-148b	13	0.041
hsa-miR-152	24	0.044	hsa-miR-150	30	0.094
hsa-miR-153	1	0.002	hsa-miR-151-3p	12	0.038

Anhang

hsa-miR-155	8332	15.303	hsa-miR-151-5p	129	0.405
hsa-miR-155*	5	0.009	hsa-miR-152	48	0.151
hsa-miR-15a	2858	5.249	hsa-miR-155	1098	3.449
hsa-miR-15a*	5	0.009	hsa-miR-155*	2	0.006
hsa-miR-15b	2676	4.915	hsa-miR-15a	1353	4.251
hsa-miR-15b*	9	0.017	hsa-miR-15b	1561	4.904
hsa-miR-16	10664	19.586	hsa-miR-15b*	4	0.013
hsa-miR-16-2*	45	0.083	hsa-miR-16	4672	14.678
hsa-miR-17	2882	5.293	hsa-miR-16-2*	12	0.038
hsa-miR-17*	124	0.228	hsa-miR-17	2882	9.054
hsa-miR-181a	31	0.057	hsa-miR-17*	87	0.273
hsa-miR-181b	23	0.042	hsa-miR-181a	45	0.141
hsa-miR-181c	1	0.002	hsa-miR-181b	31	0.097
hsa-miR-181d	1	0.002	hsa-miR-181c	1	0.003
hsa-miR-182	18	0.033	hsa-miR-181d	1	0.003
hsa-miR-183	2	0.004	hsa-miR-182	13	0.041
hsa-miR-185	164	0.301	hsa-miR-183	5	0.016
hsa-miR-186	21	0.039	hsa-miR-185	93	0.292
hsa-miR-188-3p	1	0.002	hsa-miR-186	11	0.035
hsa-miR-18a	139	0.255	hsa-miR-187	1	0.003
hsa-miR-18a*	9	0.017	hsa-miR-188-3p	1	0.003
hsa-miR-18b	9	0.017	hsa-miR-188-5p	1	0.003
hsa-miR-190	4	0.007	hsa-miR-18a	48	0.151
hsa-miR-190b	1	0.002	hsa-miR-18a*	2	0.006
hsa-miR-191	457	0.839	hsa-miR-190	14	0.044
hsa-miR-192	16	0.029	hsa-miR-190b	1	0.003
hsa-miR-192*	5	0.009	hsa-miR-191	331	1.040
hsa-miR-193b	8	0.015	hsa-miR-192	11	0.035
hsa-miR-194	34	0.062	hsa-miR-192*	1	0.003
hsa-miR-195	204	0.375	hsa-miR-193a-3p	2	0.006
hsa-miR-196a	1	0.002	hsa-miR-193a-5p	1	0.003
hsa-miR-196b	4	0.007	hsa-miR-193b	12	0.038
hsa-miR-197	2	0.004	hsa-miR-194	20	0.063
hsa-miR-199a-3p	354	0.650	hsa-miR-195	201	0.631
hsa-miR-199a-5p	79	0.145	hsa-miR-196a	8	0.025
hsa-miR-199b-5p	7	0.013	hsa-miR-196b	3	0.009
hsa-miR-19a	16	0.029	hsa-miR-197	2	0.006
hsa-miR-19b	263	0.483	hsa-miR-199a-3p	791	2.485
hsa-miR-19b-1*	1	0.002	hsa-miR-199a-5p	100	0.314
hsa-miR-200b	1	0.002	hsa-miR-199b-5p	10	0.031
hsa-miR-200c	32	0.059	hsa-miR-19a	41	0.129
hsa-miR-208	2	0.004	hsa-miR-19b	216	0.679
hsa-miR-208b	1	0.002	hsa-miR-19b-1*	2	0.006
hsa-miR-20a	3617	6.643	hsa-miR-200a	2	0.006
hsa-miR-20a*	8	0.015	hsa-miR-200c	2	0.006
hsa-miR-20b	298	0.547	hsa-miR-206	14	0.044
hsa-miR-21	3535	6.492	hsa-miR-208	1	0.003
hsa-miR-21*	23	0.042	hsa-miR-208b	1	0.003
hsa-miR-210	16	0.029	hsa-miR-20a	2879	9.045
hsa-miR-214	1	0.002	hsa-miR-20a*	4	0.013
hsa-miR-215	10	0.018	hsa-miR-20b	22	0.069
hsa-miR-218	23	0.042	hsa-miR-21	2967	9.321
hsa-miR-22	109	0.200	hsa-miR-21*	22	0.069
hsa-miR-22*	28	0.051	hsa-miR-210	23	0.072
hsa-miR-221	873	1.603	hsa-miR-212	3	0.009
hsa-miR-221*	34	0.062	hsa-miR-214	8	0.025
hsa-miR-222	282	0.518	hsa-miR-214*	1	0.003
hsa-miR-223	64	0.118	hsa-miR-218	10	0.031
hsa-miR-223*	6	0.011	hsa-miR-22	114	0.358
hsa-miR-224	4	0.007	hsa-miR-22*	47	0.148

Anhang

miRNA	Count	Value	miRNA	Count	Value
hsa-miR-23a	439	0.806	hsa-miR-221	129	0.405
hsa-miR-23b	113	0.208	hsa-miR-221*	5	0.016
hsa-miR-24	118	0.217	hsa-miR-222	66	0.207
hsa-miR-24-1*	1	0.002	hsa-miR-223	160	0.503
hsa-miR-24-2*	2	0.004	hsa-miR-223*	3	0.009
hsa-miR-25	706	1.297	hsa-miR-224	2	0.006
hsa-miR-25*	1	0.002	hsa-miR-23a	582	1.828
hsa-miR-26a	810	1.488	hsa-miR-23b	139	0.437
hsa-miR-26b	375	0.689	hsa-miR-24	136	0.427
hsa-miR-27a	751	1.379	hsa-miR-24-2*	9	0.028
hsa-miR-27a*	1	0.002	hsa-miR-25	422	1.326
hsa-miR-27b	113	0.208	hsa-miR-26a	465	1.461
hsa-miR-27b*	1	0.002	hsa-miR-26b	516	1.621
hsa-miR-28-3p	25	0.046	hsa-miR-27a	1265	3.974
hsa-miR-28-5p	70	0.129	hsa-miR-27b	235	0.738
hsa-miR-296-5p	2	0.004	hsa-miR-28-3p	17	0.053
hsa-miR-29a	472	0.867	hsa-miR-28-5p	31	0.097
hsa-miR-29b	241	0.443	hsa-miR-29a	268	0.842
hsa-miR-29b-1*	1	0.002	hsa-miR-29a*	1	0.003
hsa-miR-29b-2*	5	0.009	hsa-miR-29b	55	0.173
hsa-miR-29c	625	1.148	hsa-miR-29c	158	0.496
hsa-miR-29c*	2	0.004	hsa-miR-301a	6	0.019
hsa-miR-301a	27	0.050	hsa-miR-301b	2	0.006
hsa-miR-301b	1	0.002	hsa-miR-30a	9	0.028
hsa-miR-30a	9	0.017	hsa-miR-30a*	5	0.016
hsa-miR-30a*	7	0.013	hsa-miR-30b	252	0.792
hsa-miR-30b	462	0.849	hsa-miR-30c	88	0.276
hsa-miR-30c	135	0.248	hsa-miR-30d	50	0.157
hsa-miR-30c-1*	1	0.002	hsa-miR-30e	82	0.258
hsa-miR-30d	123	0.226	hsa-miR-30e*	19	0.060
hsa-miR-30d*	1	0.002	hsa-miR-31*	1	0.003
hsa-miR-30e	101	0.185	hsa-miR-32	22	0.069
hsa-miR-30e*	19	0.035	hsa-miR-32*	1	0.003
hsa-miR-32	50	0.092	hsa-miR-320	65	0.204
hsa-miR-32*	1	0.002	hsa-miR-324-3p	4	0.013
hsa-miR-320	193	0.354	hsa-miR-324-5p	1	0.003
hsa-miR-324-3p	24	0.044	hsa-miR-326	2	0.006
hsa-miR-324-5p	3	0.006	hsa-miR-335	5	0.016
hsa-miR-328	1	0.002	hsa-miR-335*	1	0.003
hsa-miR-330-3p	6	0.011	hsa-miR-337-3p	1	0.003
hsa-miR-330-5p	3	0.006	hsa-miR-338-3p	1	0.003
hsa-miR-331-3p	2	0.004	hsa-miR-33a*	4	0.013
hsa-miR-331-5p	1	0.002	hsa-miR-340	7	0.022
hsa-miR-335	1	0.002	hsa-miR-340*	1	0.003
hsa-miR-335*	4	0.007	hsa-miR-342-3p	34	0.107
hsa-miR-337-5p	1	0.002	hsa-miR-342-5p	1	0.003
hsa-miR-339-3p	2	0.004	hsa-miR-345	4	0.013
hsa-miR-33a*	3	0.006	hsa-miR-34a	90	0.283
hsa-miR-340	5	0.009	hsa-miR-34a*	4	0.013
hsa-miR-340*	3	0.006	hsa-miR-34b*	1	0.003
hsa-miR-342-3p	53	0.097	hsa-miR-361-5p	46	0.145
hsa-miR-345	10	0.018	hsa-miR-362-3p	13	0.041
hsa-miR-34a	102	0.187	hsa-miR-363	1	0.003
hsa-miR-34a*	3	0.006	hsa-miR-365	8	0.025
hsa-miR-34b	1	0.002	hsa-miR-374a	48	0.151
hsa-miR-361-3p	24	0.044	hsa-miR-374a*	1	0.003
hsa-miR-361-5p	100	0.184	hsa-miR-374b	131	0.412
hsa-miR-362-3p	20	0.037	hsa-miR-374b*	2	0.006
hsa-miR-362-5p	7	0.013	hsa-miR-376a	6	0.019
hsa-miR-363	45	0.083	hsa-miR-376c	6	0.019

miRNA	Count	Freq	miRNA	Count	Freq
hsa-miR-365	12	0.022	hsa-miR-378	52	0.163
hsa-miR-374a	70	0.129	hsa-miR-378*	6	0.019
hsa-miR-374b	232	0.426	hsa-miR-421	8	0.025
hsa-miR-374b*	1	0.002	hsa-miR-423-3p	7	0.022
hsa-miR-378	26	0.048	hsa-miR-424	298	0.936
hsa-miR-378*	12	0.022	hsa-miR-424*	3	0.009
hsa-miR-421	15	0.028	hsa-miR-425	103	0.324
hsa-miR-423-3p	13	0.024	hsa-miR-425*	1	0.003
hsa-miR-423-5p	9	0.017	hsa-miR-432	2	0.006
hsa-miR-424	135	0.248	hsa-miR-450a	4	0.013
hsa-miR-424*	1	0.002	hsa-miR-451	44	0.138
hsa-miR-425	183	0.336	hsa-miR-454	12	0.038
hsa-miR-425*	3	0.006	hsa-miR-455-3p	19	0.060
hsa-miR-450a	5	0.009	hsa-miR-484	20	0.063
hsa-miR-451	12	0.022	hsa-miR-486-5p	2	0.006
hsa-miR-454	26	0.048	hsa-miR-487a	1	0.003
hsa-miR-455-3p	30	0.055	hsa-miR-487b	1	0.003
hsa-miR-455-5p	3	0.006	hsa-miR-493	3	0.009
hsa-miR-484	60	0.110	hsa-miR-493*	1	0.003
hsa-miR-486-5p	7	0.013	hsa-miR-495	2	0.006
hsa-miR-497	85	0.156	hsa-miR-497	61	0.192
hsa-miR-499-5p	2	0.004	hsa-miR-497*	1	0.003
hsa-miR-500	12	0.022	hsa-miR-499-5p	21	0.066
hsa-miR-501-3p	5	0.009	hsa-miR-500	6	0.019
hsa-miR-501-5p	3	0.006	hsa-miR-500*	1	0.003
hsa-miR-502-3p	10	0.018	hsa-miR-501-5p	2	0.006
hsa-miR-502-5p	2	0.004	hsa-miR-503	8	0.025
hsa-miR-504	1	0.002	hsa-miR-505	3	0.009
hsa-miR-505	6	0.011	hsa-miR-515-5p	2	0.006
hsa-miR-511	2	0.004	hsa-miR-520g	1	0.003
hsa-miR-532-3p	6	0.011	hsa-miR-532-3p	2	0.006
hsa-miR-532-5p	32	0.059	hsa-miR-532-5p	16	0.050
hsa-miR-542-3p	1	0.002	hsa-miR-545	1	0.003
hsa-miR-548b-5p	1	0.002	hsa-miR-548c-5p	1	0.003
hsa-miR-551b	3	0.006	hsa-miR-550	1	0.003
hsa-miR-570	1	0.002	hsa-miR-550*	1	0.003
hsa-miR-574-3p	3	0.006	hsa-miR-574-3p	13	0.041
hsa-miR-574-5p	1	0.002	hsa-miR-574-5p	4	0.013
hsa-miR-576-3p	5	0.009	hsa-miR-582-5p	1	0.003
hsa-miR-580	1	0.002	hsa-miR-590-3p	50	0.157
hsa-miR-582-5p	13	0.024	hsa-miR-590-5p	13	0.041
hsa-miR-584	2	0.004	hsa-miR-598	8	0.025
hsa-miR-590-3p	65	0.119	hsa-miR-624*	3	0.009
hsa-miR-590-5p	6	0.011	hsa-miR-625	1	0.003
hsa-miR-598	9	0.017	hsa-miR-628-3p	4	0.013
hsa-miR-624*	2	0.004	hsa-miR-643	1	0.003
hsa-miR-625	1	0.002	hsa-miR-644	9	0.028
hsa-miR-627	1	0.002	hsa-miR-651	2	0.006
hsa-miR-628-3p	2	0.004	hsa-miR-652	27	0.085
hsa-miR-628-5p	4	0.007	hsa-miR-655	2	0.006
hsa-miR-651	1	0.002	hsa-miR-671-5p	5	0.016
hsa-miR-652	79	0.145	hsa-miR-7	48	0.151
hsa-miR-660	11	0.020	hsa-miR-708	2	0.006
hsa-miR-671-5p	2	0.004	hsa-miR-7-1*	22	0.069
hsa-miR-7	29	0.053	hsa-miR-766	7	0.022
hsa-miR-708	27	0.050	hsa-miR-768-3p	2	0.006
hsa-miR-7-1*	7	0.013	hsa-miR-768-5p	4	0.013
hsa-miR-744	3	0.006	hsa-miR-801	1	0.003
hsa-miR-766	14	0.026	hsa-miR-874	1	0.003
hsa-miR-768-3p	8	0.015	hsa-miR-9	9	0.028

hsa-miR-769-5p	2	0.004	hsa-miR-9*	15	0.047
hsa-miR-874	2	0.004	hsa-miR-923	2	0.006
hsa-miR-886-5p	1	0.002	hsa-miR-92a	423	1.329
hsa-miR-887	1	0.002	hsa-miR-92a-1*	2	0.006
hsa-miR-891a	1	0.002	hsa-miR-93	266	0.836
hsa-miR-9	1	0.002	hsa-miR-93*	2	0.006
hsa-miR-9*	4	0.007	hsa-miR-940	1	0.003
hsa-miR-923	2	0.004	hsa-miR-942	3	0.009
hsa-miR-92a	721	1.324	hsa-miR-95	3	0.009
hsa-miR-92b	5	0.009	hsa-miR-96	4	0.013
hsa-miR-93	699	1.284	hsa-miR-98	1	0.003
hsa-miR-93*	4	0.007	hsa-miR-99b	2	0.006
hsa-miR-940	2	0.004	sum reads	**31285**	
hsa-miR-942	7	0.013			
hsa-miR-96	3	0.006			
hsa-miR-98	6	0.011			
hsa-miR-99a	1	0.002			
hsa-miR-99b	9	0.017			
sum reads	**54448**				

7.2 Vorträge und Poster

Teile dieser Arbeit wurden auf folgenden Kongressen und Symposien vorgestellt

01/08	Cancer Network Zurich Retreat, Fiesch (Poster)
03/08	Day of Clinical Research, Zürich (Vortrag)
04/09	Brupbacher Symposium, Zürich (Poster)
07/09	Keystone Symposium "microRNA and cancer", USA (Poster)

7.3 Publikationen

Teile dieser Arbeit sind zur Veröffentlichung vorgesehen:

microRNA profiling in EBV-associated B-cell lymphomas, (2010)
Imig, J.[1*], Motsch N.[1*], Zhu Y.N.[2], Okoniewski, M.[3], Tinguely, M.[4], Kurrer, M.[4], Schraml P[4], Moch, H.[4], Knuth A.[5], N.N., Trivedi, P[6]., Meister, G.[2], Renner, C.[5*] and Grässer, F.G.[1], manuscript under preparation

Die VDM Verlagsservicegesellschaft sucht für wissenschaftliche Verlage abgeschlossene und herausragende

Dissertationen, Habilitationen, Diplomarbeiten, Master Theses, Magisterarbeiten usw.

für die kostenlose Publikation als Fachbuch.

Sie verfügen über eine Arbeit, die hohen inhaltlichen und formalen Ansprüchen genügt, und haben Interesse an einer honorarvergüteten Publikation?

Dann senden Sie bitte erste Informationen über sich und Ihre Arbeit per Email an *info@vdm-vsg.de*.

Sie erhalten kurzfristig unser Feedback!

VDM Verlagsservicegesellschaft mbH
Dudweiler Landstr. 99
D - 66123 Saarbrücken

Telefon +49 681 3720 174
Fax +49 681 3720 1749

www.vdm-vsg.de

Die VDM Verlagsservicegesellschaft mbH vertritt

Printed by Books on Demand GmbH, Norderstedt / Germany